大学生思想政治教育系列丛书

辅导员学生工作
"四个一"品牌培育

武德峰　贾　娜　程　赫◎著

中国纺织出版社有限公司

内 容 提 要

本书提出了辅导员学生工作品牌化建设的具体成果。全书选取了吉林工程技术师范学院辅导员在开展学生工作过程中重点打造的特色品牌,以"一院一品牌""一人一特色""一班一亮点""一人一计划"四个品牌项目为基础,系统阐述了辅导员在开展大学生日常思想政治教育活动过程中的具体做法、经验总结、理论阐释与价值推广,可供其他高校借鉴,也可为辅导员学生工作领域学术研究贡献力量。

图书在版编目(CIP)数据

辅导员学生工作"四个一"品牌培育 / 武德峰,贾娜,程赫著. -- 北京:中国纺织出版社有限公司,2025.2. --(大学生思想政治教育系列丛书). -- ISBN 978-7-5229-2472-4

Ⅰ. G641

中国国家版本馆CIP数据核字第2025K0X813号

责任编辑:苗 苗 责任校对:高 涵 责任印制:王艳丽

中国纺织出版社有限公司出版发行

地址:北京市朝阳区百子湾东里 A407 号楼 邮政编码:100124

销售电话:010 — 67004422 传真:010 — 87155801

http://www.c-textilep.com

中国纺织出版社天猫旗舰店

官方微博 http://weibo.com/2119887771

三河市宏盛印务有限公司印刷 各地新华书店经销

2025 年 2 月第 1 版第 1 次印刷

开本:787 × 1092 1/16 印张:14.5

字数:285 千字 定价:88.00 元

序

大学是实施大学生思想政治教育的核心场所，其中辅导员的职责之一就是为大学生提供思想政治教育。但是，在大学生群体中，思想政治教育的重要性并未得到足够的认可，大学生的学习热情也相对较低，因此，思想政治教育的效果并不尽如人意。大力推动大学辅导员在大学生思想政治教育中的引领角色，创建一种"开放、多元、全面"的教育方法显得至关重要。

大学生思想政治教育系列丛书是作者提出的辅导员育人载体路径上立体化的具体成果主要包括《"三全"育人视阈下大学生"五爱"教育实践》《大学生心理健康情境式教育实践》等。在符合教育环境大背景的前提下，在辅导员工作内容的范畴之内，此书只要能够起到教育学生的作用就可以。采用的现代化媒体手段包括：小说、电影（微电影）、戏剧、微信公众号、App端手机数据库后台、辅导员网站、大学生生活导报、辅导员周记、辅导员随笔、大学生视角对社会主义核心价值观的诠释等。本系列著作具有以下特点：①形式多样，有音频、文字、视频、图片、戏剧等；②储存信息量大；③与德育课程紧密衔接；④栏目形式多样，大学生喜闻乐见；⑤师生能够互动，学生愿意接受这种方式；⑥栏目设置灵活；⑦传播迅速，受众广。

本系列著作内容丰富，形式新颖，切合实际，可操作性强，体现了与时俱进意识和思想，是辅导员必备的读物，对辅导员的工作有着深远的意义：

（1）更新高校辅导员德育工作理念：高校辅导员立体化德育模式力求把简单、枯燥、注重抽象说教的平面灌输式德育教育方式变得生动、形象、真切，增强德育教育的吸引力、感召力和影响力，提升育人的效果。

（2）丰富高校辅导员德育工作理论：通过对辅导员立体化德育模式进行系统全面的研究，包括在内涵、特征、方法、途径等方面进一步深化和拓展，是将传统德育模式向现代德育模式转化的新开拓，把相对平面的德育模式向立体化的德育模式转变的新思路，使立体化德育模式理论进一步丰富。

（3）完善高校辅导员德育工作途径：形成育人资源整合，促进高校德育工作形成多渠道、全方位、立体化共同作用的综合影响，进一步增强德育工作实效性。

（4）有利于提高育人效果：高校辅导员立体化德育模式相较于平面化德育模式来讲更生动，更形象，更具体，更真切，克服了简单、枯燥、抽象说教的弱点，增强了德育的吸引力和实效性。

（5）有利于德育工作资源的整合：高校辅导员立体化德育模式强调全方位、多渠道、系统影响和综合作用，有利于开辟多种教育渠道，进一步发挥家庭、社会、学校和个人的教育影响，充分发挥高校十大育人功能，促进高校全方位、多渠道、立体化、系统化地完成德育实施过程。

（6）丰富了新形势下高校辅导员德育工作的理论：促进了高校思想政治教育理论的不断丰富和发展，为高校辅导员德育工作的不断创新发展提供一定的理论参考和实践支持。结合新形势下高校辅导员德育工作实践，本系列著作提出了若干具体且有可操作性的"立体化育人"工作模式，可为高校辅导员思想政治工作实践提供参考。

陈景翊

2024年6月于长春

前言

在高等教育的广阔舞台上，辅导员作为学生成长道路上的重要引路人，其工作不仅关乎学生学业的进步，更深刻地影响着他们的品格塑造与全面发展。随着教育理念的不断革新和学生需求的日益多元化，辅导员学生工作正面临着前所未有的挑战与机遇。在此背景下，积极探索并培育具有鲜明特色、深远影响的学生工作品牌，成为提升辅导员工作效能、促进学生全面发展的关键路径。

辅导员学生工作品牌的培育，不仅是对传统工作模式的创新与超越，更是对辅导员职业使命与责任的深刻践行。它旨在通过创新工作理念、优化工作方法、强化团队建设等多重维度，构建一个集教育性、服务性、创新性于一体的学生工作体系。这一体系的建立，不仅能够为学生提供更加精准、高效、贴心的成长支持，还能够有效提升辅导员队伍的专业素养与工作能力，进一步巩固和扩大辅导员在学生心中的影响力与感召力。

本书围绕辅导员学生工作"四个一"品牌的培育展开深入探讨，力求为辅导员同仁提供一套系统、全面、可操作的品牌培育指南。我们从理论层面深入剖析品牌培育的内涵与价值，探讨其在高等教育领域中的独特地位与作用。品牌不仅仅是一个标志或名称，它更是一种理念、一种承诺，代表着辅导员对学生成长的深切关怀与不懈追求。通过"四个一"品牌培育，我们可以将辅导员工作的核心价值与理念传递给广大学生，激发他们的认同感与归属感，从而形成一种积极向上的校园文化氛围。

同时，通过一系列生动的实践案例，展示成功品牌的塑造过程与成效，揭示品牌培育背后的策略与智慧。这些案例涵盖了不同专业领域辅导员的工作实践，通过具体而翔实的描述，让读者能够直观感受到品牌培育所带来的积极变化与显著成效。无论是创新的工作方法、独特的服务模式，还是深入人心的品牌形象，都将在这些案例中得到充分展现。我们将分析这些成功品牌是如何通过精准定位、创新服务、有效传播等策略，赢得学生的广泛认可与高度赞誉的。

在此基础上，我们还提出了具体的策略与建议，帮助辅导员在实际工作中有效推进品牌培育工作。我们从理论阐述、具体做法、经验总结、价值推广等多个方面出发，为辅导员提供一套切实可行的操作指南。我们将探讨如何根据学校特色和学生需求，制定个性化的品牌定位策略；如何设计具有吸引力和辨识度的品牌形象；如何通过多种渠道和方式，有效传播品牌价值，提升品牌知名度与美誉度。同时，我们还将关注辅导员团队建设的重要性，探讨如何通过团队协作与资源共享，共同推动学生工作品牌的培育与发展。

　　我们坚信，通过共同努力与不懈探索，辅导员学生工作品牌必将成为推动高等教育内涵式发展、助力学生全面成长的重要力量。希望本书能够为辅导员同仁提供有益的参考与启示，共同推动辅导员学生工作品牌的培育与发展，为学生的成长与成才贡献更大的力量。我们也期待更多的辅导员能够积极投身于品牌培育的实践之中，不断创新、不断进取，共同书写辅导员工作的新篇章。我们相信，在不久的将来，辅导员学生工作品牌将成为高等教育领域中的一道亮丽风景线，为学生的成长与发展注入更多的活力与动力。

武德峰

2024 年 7 月于长春

目录

第一章
辅导员学生工作"四个一"品牌培育导论

吉林工程技术师范学院辅导员学生工作"四个一"品牌即"一院一品牌""一人一特色""一班一亮点""一人一计划"。"一院一品牌"是指"一个学院一个大学生思想政治工作品牌","一人一特色"是指"一个辅导员创建一个大学生思想政治教育特色活动","一班一亮点"是指"一个班级开展一个特色亮点活动","一人一计划"是指"一个辅导员制定一个年度发展规划"。加强辅导员学生工作品牌化管理,打造突出吉林工程技术师范学院特点的学生工作品牌。

本书从品牌培育背景、培育价值、培育现状、培育目标、培育内容、培育技术路线、培育成果七个方面对吉林工程技术师范学院辅导员学生工作"四个一"品牌进行阐释,呈现多个典型案例成果,具有示范性、优质性特征,彰显学校的办学特色。

第一节
辅导员学生工作"四个一"品牌相关概述

品牌这一概念源于市场营销领域,最早来源于1955年莱维(Levy)与加德纳(Gardner)的《产品与品牌》一文,这标志着品牌研究建设的开始。王兴元教授从"标识观""形象与认知观""资产与关系观""生命体与生态系统观"四个方面对"品牌"这一概念进行了系统阐释。随着社会的发展进步,"品牌"这一概念应用于多种领域,形成了职业品牌的专业术语。

一、相关概念的研究

1.关于品牌理论的研究

进入20世纪后，国外学者对品牌建设进行了大量理论研究并取得了一定成果。这些国外学者将品牌理论的发展历程划分为以下三个阶段：一是古典品牌理论阶段（20世纪50—80年代），这一阶段下的学者主要从品牌的含义、标识等方面，对品牌的内涵和外延进行研究，如加德纳等人的《产品与品牌》、曼弗雷·布鲁恩（Manfred Bruyne）提出的品牌生命周期理论等。二是现代品牌理论阶段（20世纪80—90年代），这一阶段的学者对现代品牌理论进行了大量研究，提出了品牌权益理论，并基于该理论进行了延伸，建立了相关的研究模型，如凯勒（Keller）提出的以消费者为基础的品牌权益模型、艾克（Aaker）提出的品牌权益五星模型等。三是当代品牌理论阶段（20世纪90年代至今），这一阶段下的学者对当代品牌理论进行了大量研究，大部分学者认为，品牌建设的目标在于加强与客户之间的联系，使公司与客户之间进行密切交流、向顾客传播品牌理念、了解客户的切实需求与真实想法。这就要求企业对品牌价值进行不断总结、整合，在企业与客户之间建立共同的价值系统，将品牌做大做强。

2.关于大学品牌研究

罗森（Rosen）最早从学生角度提出品牌是学生在择校时的主要决定性因素以及品牌淘汰是如何进行的等。品牌战略研究权威戴维·阿克（David Aaker）指出"品牌是竞争优势的主要源泉和富有价值的战略财富"。塞维尔（Sevier）较为系统地阐述了如何创建大学品牌，从客户的需求、客户的认知、认识的差距、响应战略的制定、学校诉求的修改、品牌交流战略的发展和执行、品牌战略的检验和改善等方面提出了创建的七个步骤。Nailya G. Bagautdinova等在《大学管理：从成功的企业文化到有效的大学品牌》一文中指出，就高等教育而言，品牌可以被定义为一个名字，一个图像，对一个组织的令人信服的描述，抓住大学提供的价值的本质。"声誉"和"学术"是选择大学最重要的因素。一所大学一旦明确定义了品牌的本质，就应该非常准确和有序地传达。文中还指出，大学是一个存在于日益复杂和竞争的环境中的服务型组织。以前所有的努力都集中于发展外部品牌战略，由于环境的变化，服务组织意识到，传递给组织员工的品牌信息与传递给客户的品牌信息一样重要。Shamil M. Valitov在《大学品牌是赢得竞争优势的现代途径》一文中认为，品牌是提高大学竞争力的重要因素。大学一旦创建，再进行品牌重塑，就能够通过保持目标受众的忠诚度来建立大学的竞争优势，指出了品牌建设对于大学的重要性，同时解决这个重要问题也是大学在世界教育环境中建立声誉的关键阶段之一，概述了品牌精髓的主要属性，它的创建和实施阶段是建立一个成功的、有竞争力的、受学生和雇主欢迎的高等教育机构的第一步。他认为大学品牌的发展是以教育机构的成功因素为基础的，大学品牌的创建和实现过程可分为以下六个阶段：第一阶段——品牌创意产生，第二阶段——品牌定位，第三阶段——现有品牌比较分析，第四阶段——品牌战略制定，第五阶段——市场测试，第六阶段——品牌政策实施。

3. 关于高校品牌建设的研究

20世纪90年代，国内学者开始关注高校的品牌问题。张弘强最早提出了高校需要注重品牌建设的观点。武小军认为高校建立品牌教育必须要注重创立"品牌学校""品牌教师""品牌专业"和"品牌毕业生"的构想。蔡清毅在《品牌建设理论模型研究》一文中提出，品牌建设的实质是将一个普通产品品牌变成有市场竞争力的著名品牌。辛健调研发现省属地方高校品牌建设中存在核心价值不清晰、传播路径单一、品牌服务意识相对薄弱等问题，提出了省属地方高校品牌建设策略：打造独特品牌文化内涵、建设标志性有形载体、提升办学质量、强化师德师风建设、丰富品牌传播途径、做好品牌文化维护等。温崇明认为，开展品牌建设是改变高校"千校一路"、打造特色的关键所在，特别是地方新建本科高校开展品牌建设具有重要性、必要性、紧迫性。艾敏等认为"品牌建设"是一个经济学概念，将之融入高校思想政治教育教学及实践活动中，可以提高思想政治教育有形价值和无形价值，便于整合优化校内外资源，提升高校思想政治教育效果。

4. 关于高校品牌建设的手段与方式研究

康铭浩等在《高校品牌发展策略探析》一文中提出了四个方面发展战略：一是高校品牌发展前提是精准定位；二是高校建设品牌的基础是文化底蕴；三是名师与校长能够成为品牌质量的重要保障；四是完善高校品牌建设的手段在于维护与评估。苏志刚指出高职院校可以从精准把握办学定位、促进品牌专业的保真培育、改变原有办学模式、加大团队合作力度、加大品牌保护力度、与其他国家交流先进经验等方面进行品牌建设。刘育峰指出，我国采用建立"双师型"教师、创建示范校等方式以解决师资力量及设备不足的问题，具备结合我国国情创建特色品牌的条件。

5. 关于高校学生工作品牌研究

胡晶认为，学生工作品牌就是优质的学生工作产品，是学生工作的"典型榜样"。高校通过挖掘、培育塑造出优秀的学生工作品牌，能够有效发挥学生工作品牌的示范和辐射作用。张洪峰认为，学生工作品牌是高校学生工作队伍在长期的学生工作中逐渐形成的一套行之有效的工作方法和运行机制，是具有较高认可度的特色教育平台。郁祥认为，学生工作品牌的构建，需要校方脱离一贯的"学校"思维模式，转而使用生产类思维，更容易提升品牌构建的综合质量。

辅导员学生工作品牌，是指辅导员将职业品牌应用到学生工作领域当中，在学生工作领域打造独具特色的品牌，提高大学生思想政治教育能力与水平，增强思想政治教育工作的吸引力和感染力。辅导员的职业能力发展同样需要学生工作品牌的支撑，将学生工作品牌化建设应用于高校辅导员工作中能够促进学生组织管理优化、活动效果显著、扩大影响力，解决当前学生工作中遇到的一些实际问题。

二、辅导员学生工作"四个一"品牌概述

从"中国期刊全文数据库（CNKI）"中检索信息发现，国内外高校纷纷探索了学生工作的创新模式，其中各类学生工作精品项目、学生工作品牌成为近年来学术界研究的热点。通过梳理相关文献，发现国外高校在学生工作品牌化方面研究起步较早，注重品牌的定位和特色的打造，形成了较为成熟的理论体系和实践模式。相比之下，国内高校在此方面研究起步较晚，但发展迅速，涌现了一批具有学校特色、学院特点的学生工作品牌。

辅导员学生工作"四个一"品牌培育源自吉林工程技术师范学院开展的系列思想政治教育活动，通过"一院一品牌""一人一特色""一班一亮点""一人一计划"的品牌打造，突显思想政治培育人的良好成果，重点关注学生工作"四个一"品牌与学院文化、学科特色的融合研究，将吉林工程技术师范学院德育核心内容"五爱"育人的理念融入"四个一"学生工作品牌的打造中，重点分析学校"一院一品牌""一人一特色""一班一亮点""一人一计划"的整体培育过程，通过理论阐释、实践验证、经验总结、价值推广四个总体思路深入挖掘学生工作品牌培育的内涵，将培育生成的系列建设性成果推广至各大高校，形成品牌效应，为学生工作领域研究创造价值。

第二节
辅导员学生工作"四个一"品牌培育依据

辅导员学生工作"四个一"品牌培育的主要依据，为全国高等学校思想政治工作会议精神、《普通高等学校辅导员队伍建设规定》《高等学校辅导员职业能力标准（暂行）》《关于新时代加强和改进思想政治工作的意见》《教育部等八大部门关于加快构建高校思想政治工作体系的意见》《关于进一步加强和改进新时代吉林省高校辅导员队伍建设和改进的意见》、全省高校思想政治工作会议精神、《吉林工程技术师范学院辅导员队伍建设实施细则》等。

一、全国高等学校思想政治工作会议精神

全国高校思想政治工作会议精神主要体现在，坚持党的全面领导，办好中国特色社会主义高校，必须坚持党的领导，牢牢掌握党对高校工作的领导权，使高校成为坚持党的领导的坚强阵地。这要求高校党委切实履行好管党治党、办学治校的主体责任，把方向、管大局、作决策、保落实，落实立德树人的根本任务，高校立身之本在于立德树人。这要求高校把思想政治工作贯穿教育教学的全过程，实现全程育人、全方位育人，

努力开创我国高等教育事业发展新局面。同时，要加强师德师风建设，坚持教书和育人相统一，坚持言传和身教相统一。

　　强化思想理论教育和价值引领，要加强马克思主义理论教育，为学生一生成长奠定科学的思想基础。要坚持不懈培育和弘扬社会主义核心价值观，引导广大师生做社会主义核心价值观的坚定信仰者、积极传播者、模范践行者。加强和改进思想政治工作，要把思想政治工作作为一项极端重要的工作来抓，创新方式方法，增强时代感和吸引力。要建立健全党委统一领导、党政齐抓共管、有关部门各负其责、全社会协同配合的工作格局，形成高校思想政治工作的强大合力。会议强调，要坚持不懈促进高校和谐稳定，培育理性平和的健康心态，加强人文关怀和心理疏导，把高校建设成为安定团结的模范之地。

　　全国高校思想政治工作会议的召开具有深远的实际意义，会议明确了高校思想政治工作的前进方向和重要任务，为高校在新的历史条件下进行思想政治教育提供了明确的指导。通过会议，各高校更加深刻地认识到思想政治工作的重要性，进一步增强了做好思想政治工作的责任感和使命感。会议鼓励高校在思想政治工作中勇于创新，不断探索新的方法和手段，以适应新时代的发展需求。这有助于推动高校思想政治工作的创新和发展。会议强调了加强思想政治工作队伍建设的重要性，提出了提高队伍素质、优化队伍结构等要求，为高校打造一支高素质的思想政治工作队伍提供了有力支持。同时，会议倡导各高校之间加强交流合作，共同推进思想政治工作的开展。这有助于形成全国高校思想政治工作的合力，推动高等教育事业的协同发展。

　　全国高校思想政治工作会议的召开，对于加强和改进高校思想政治工作、推动高等教育事业发展具有重要意义，为培养德智体美劳全面发展的社会主义建设者和接班人提供了有力保障。

二、《普通高等学校辅导员队伍建设规定》

　　《普通高等学校辅导员队伍建设规定》要求，辅导员应具备多方面的素养，主要包括思想政治素质，即辅导员应具备较高的政治素质和坚定的理想信念，坚决贯彻执行党的基本路线和各项方针政策，有较强的政治敏感性和政治辨别力。同时，应掌握扎实的马克思主义理论知识，能够运用辩证唯物主义和历史唯物主义的观点帮助学生分析、解释客观事物，辨别是非真伪。

　　（1）道德品质素养。辅导员应具备良好的道德品质，为人正直、作风正派、廉洁自律。在工作中应做到公正公开透明，用良心做事，以身作则，成为学生的楷模。

　　（2）知识储备能力。辅导员应具有从事思想政治教育工作相关学科的宽口径知识储备，掌握思想政治教育工作相关学科的基本原理、基础知识和基本方法，以及马克思主义中国化相关理论和知识。此外，还应掌握大学生思想政治教育工作实务相关知识和有关法律法规知识。

（3）组织管理和教育引导能力。辅导员应具备较强的组织管理能力和语言、文字表达能力，以及教育引导能力、调查研究能力。应具备开展思想理论教育和价值引领工作的能力，能够针对学生关注的热点、焦点问题，及时进行教育和引导。

（4）责任心和爱心。辅导员应具备较强的责任心和爱心，关心学生的学习、生活和发展，积极帮助学生解决实际问题。同时，应以爱育爱，用真挚的情感去感染和影响学生。

《普通高等学校辅导员队伍建设规定》对辅导员的素养提出了多方面的要求，旨在加强辅导员队伍建设，提高辅导员的综合素质和工作能力，以更好地服务于学生的成长和发展。

三、《高等学校辅导员职业能力标准（暂行）》

2014年，国家出台了《高等学校辅导员职业能力标准（暂行）》，提高辅导员专业化、职业化水平可以从以下几个方面入手：

（1）构建完善的辅导员职业能力培养机制。包括明确辅导员职业能力建设的延续性和阶段性特点，以及处于不同工作年限的辅导员应具备的职业能力。同时，要建立科学有效的辅导员培训体系，针对不同级别的辅导员设计相应的培训课程，提高培训的针对性和实效性。

（2）加强辅导员理论知识学习。辅导员应具备扎实的理论知识，包括基础知识、专业知识和法律法规知识等。可以通过定期组织学习交流、邀请专家学者授课、鼓励辅导员参加学历提升等方式，不断提高辅导员的理论素养。

（3）提升辅导员职业技能水平。辅导员在班级管理、突发事件应急处理、党团建设等方面应具备相应的职业技能。可以通过案例分析、模拟演练、实践锻炼等方式，提高辅导员应对各种问题的能力。

（4）推进辅导员个性化能力发展。每个辅导员都有自己的特长和优势，要鼓励辅导员发挥个人特长，形成自己的工作风格和特色。同时，要为辅导员提供多元化的职业发展路径，让辅导员在职业发展中找到适合自己的方向。

（5）加强团队建设，提高团队协作能力。辅导员工作是一个团队工作，要注重团队建设，提高团队协作能力。可以通过定期组织团队活动、加强团队沟通与交流、建立团队激励机制等方式，增强团队凝聚力和战斗力。

（6）树立终身学习的理念：辅导员要保持对新知识、新技能的学习和掌握，不断更新自己的知识储备和能力结构，以适应不断变化的工作需求和学生特点。

提高辅导员专业化、职业化水平需要从多个方面入手，建立完善的培养机制、加强理论知识学习、提升职业技能水平、推进个性化能力发展、加强团队建设以及树立终身学习的理念等都是有效的途径。

四、《关于新时代加强和改进思想政治工作的意见》

《关于新时代加强和改进思想政治工作的意见》中对辅导员的要求主要体现在以下几个方面：

（1）政治素质。辅导员必须具有坚定的政治信仰和较高的政治素质，能够深入学习贯彻习近平新时代中国特色社会主义思想，坚持正确的政治方向，引导学生树立正确的世界观、人生观和价值观。

（2）业务能力。辅导员需要具备较强的组织管理能力、沟通协调能力、语言表达能力等，能够有效地开展学生思想政治教育、心理健康教育、职业规划指导等工作，帮助学生解决实际问题，促进学生德智体美劳全面发展。

（3）知识储备。辅导员应具备广博的知识储备，包括马克思主义理论、教育学、心理学、社会学等相关学科知识，以及时事政策、法律法规等方面的知识，能够为学生提供全面的指导和帮助。

（4）道德素养。辅导员应具备良好的道德素养和职业操守，以身作则，为学生树立榜样。同时，应关注学生的成长和发展，尊重学生的个性和差异，保护学生的合法权益。

（5）创新意识。在新时代背景下，辅导员需要具备创新意识和创新能力，不断探索和尝试新的工作方法和手段，以适应时代的发展和学生的需求。

新时代对辅导员的要求更加全面和严格，需要辅导员不断提升的自身素质和能力，为学生的成长和发展提供更好的支持和帮助。同时，高校和社会也应加强对辅导员队伍的建设和管理，为辅导员的职业发展提供更好的保障和支持。

五、《教育部等八大部门关于加快构建高校思想政治工作体系的意见》

《教育部等八大部门关于加快构建高校思想政治工作体系的意见》中关于辅导员职业化建设提出了以下指导意见：

（1）强调辅导员队伍的职业化、专业化发展。意见指出，要统筹推进辅导员队伍专业化、职业化建设，完善辅导员职业发展体系，建立职级、职称"双线"晋升办法，为辅导员搭建事业发展的平台。这表明，辅导员队伍的职业化、专业化发展是未来高校思想政治工作的重要方向。

（2）提升辅导员素质能力。意见强调，要加强对辅导员的思想政治教育、业务能力、职业道德等方面的培训，提高他们的职业素养和综合能力。同时，要鼓励辅导员积极参与思想政治教育、心理健康教育、职业规划指导等方面的研究和实践，提升他们的专业素养和实践能力。

（3）鼓励辅导员开展理论与实践研究。意见指出，要支持辅导员结合大学生思想政治教育的工作实践和思想政治教育学科的发展开展研究，并支持辅导员在事务管理和思想政治教育中获得双重发展。这表明，辅导员不仅要在实践中积累经验，还要在理论上有所提升，形成自己的专业特色和优势。

（4）加强对辅导员队伍的管理和考核。意见要求，高校要完善辅导员队伍的管理制度，建立科学的考核评价体系，对辅导员的工作实绩进行客观评价。同时，要加强对辅导员队伍的激励和保障，为他们提供良好的工作环境和条件。

综上所述，《教育部等八大部门关于加快构建高校思想政治工作体系的意见》中关于辅导员职业化品牌建设的指导意见，主要包括强调辅导员队伍的职业化、专业化发展、提升辅导员素质能力、鼓励辅导员开展理论与实践研究以及加强对辅导员队伍的管理和考核等方面。这些指导意见为高校加强辅导员队伍建设提供了重要的政策支持和方向指引。

六、《关于进一步加强和改进新时代吉林省高校辅导员队伍建设和改进的意见》

《关于进一步加强和改进新时代吉林省高校辅导员队伍建设和改进的意见》为辅导员的发展方向提供了以下指引：

（1）专业化发展。强调辅导员应具备专业的知识和技能，包括思想政治教育、心理健康教育、学生事务管理等方面的专业素养。辅导员应通过系统的培训和学习，不断提升自己的专业水平，以满足学生日益增长的多元化需求。

（2）职业化发展。明确辅导员的职业地位和发展路径，建立完善的职业晋升体系。通过设立明确的职级标准和职称评审制度，为辅导员提供清晰的职业发展通道，激励他们长期从事学生工作，实现个人价值。

（3）理论与实践并重。鼓励辅导员在理论研究和实践经验方面取得平衡发展。辅导员不仅应积极参与学生工作的实践，还应关注思想政治教育等领域的理论研究，将理论与实践相结合，提升工作的科学性和有效性。

（4）创新能力培养。强调辅导员应具备创新意识和创新能力，以适应新时代的发展需求。辅导员应勇于尝试新的工作方法和手段，积极探索学生工作的新领域和新模式，不断提升工作的吸引力和影响力。

（5）团队合作与领导力。注重培养辅导员的团队合作精神和领导力。辅导员应具备良好的沟通和协作能力，能够与学生、教师、家长等各方建立有效的合作关系。同时，辅导员还应具备一定的领导才能，能够带领团队共同应对学生工作中的挑战和问题。

七、《吉林工程技术师范学院辅导员队伍建设实施细则》

《吉林工程技术师范学院辅导员队伍建设实施细则》中对辅导员队伍建设做出了明确要求：

（1）培训制度。积极选派优秀辅导员参加各级各类培训、研修，扎实做好辅导员的骨干培训和日常培训。

（2）以赛代练制度。每年举行辅导员职业能力大赛，通过各级各类比赛达到以赛代练的目的，提高辅导员的专业水平和职业能力。

（3）调查研究制度。辅导员要针对大学生思想政治教育工作经常开展调查研究，积极申报国家、省、市、校级有关科研课题。

（4）谈心谈话制度。辅导员经常深入学生寝室、教室、班级等与学生谈心谈话，及时掌握学生思想动态，有针对性做好思想政治工作。

（5）沟通协调制度。辅导员经常与班主任、任课教师、学生家长沟通，随时向学院、学工部汇报，保证通信设备24小时畅通，及时报告处理学生突发事件。

（6）听课制度。辅导员每周至少听课一次，掌握学生出勤、学习情况，听取任课教师及学生的意见和要求。

（7）例会制度。学工部负责召开辅导员工作例会，根据实际工作需要随时召开。

（8）值班制度。辅导员要认真完成值班、值宿工作，及时发现并处理学生突发事件。

以上要求都促进了辅导员工作"四个一"品牌的形成，为形成独具特色的"四个一"品牌奠定了理论与制度基础，对促进辅导员专业化、职业化发展具有现实的指导意义。

第三节
辅导员学生工作"四个一"品牌培育意蕴

学生工作品牌的培育能够提升学校的整体形象，充分展示学校在学生工作方面的专业性和独特之处，成功的学生工作品牌能够成为学校的亮点，增强学校的吸引力和社会认可度。辅导员学生工作"四个一"品牌的培育以学生为中心，旨在为学生提供丰富多样的教育和实践机会，助力其全面发展，强调学生的主体性和参与性，增强学生的参与感和归属感，激发学生的积极性和创造力。同时，"四个一"品牌的培育，要求辅导员具有创新意识，不断探索新理念、新方法、新手段来适应当今学生的需求，推动学生工作整体创新发展，使学校的学生工作更加符合时代要求和学生的期望。

一、"一院一品牌"品牌培育意蕴

"一院一品牌"培育的意蕴主要体现在通过创建具有独特性的"一院一品牌",各学院可以结合自身的办学特色和专业特点,打造出符合本院系学生需求和特点的品牌。首先,这些品牌不仅有助于提升学生的综合素质,还能增强学生的归属感和认同感,从而更好地促进学生的全面发展。其次,"一院一品牌"有助于传承和发扬学院的优秀传统和文化。通过品牌的持续开展,可以将学院的优秀文化和传统传承下去,并在传承中不断创新和发展,从而形成具有鲜明特色的学院文化。此外,"一院一品牌"还有助于提升学院的社会影响力和知名度。通过打造具有示范性的学生工作品牌,可以向社会展示学院的办学成果和特色,增强学院的社会认可度和美誉度,从而为学院的发展赢得更多的机遇和资源。对于辅导员而言,"一院一品牌"可以提升辅导员工作的专业性和实效性。通过参与品牌的策划和实施,辅导员可以更加深入地了解学生的需求和特点,提升自身的专业素养和工作能力,从而更好地为学生的成长成才提供支持和保障。

二、"一人一特色"品牌培育意蕴

"一人一特色"培育的意蕴,首先体现在有助于深化大学生对思想政治教育内容的理解和认识。通过特色活动的设计和实施,辅导员可以将抽象的理论知识与具体的实践活动相结合,使大学生在参与中更好地领会思想政治教育的精髓,从而增强教育的吸引力和感染力。其次,创建特色活动有助于提升大学生的综合素质。思想政治教育特色活动往往涉及团队合作、沟通交流、创新思维等多方面能力的培养。通过参与这些活动,大学生可以在实践中锻炼自己,提升自身的综合能力和素质,为将来的社会生活和职业发展打下坚实的基础。再次,这一做法有助于促进校园文化的繁荣与发展。辅导员创建的思想政治教育特色活动可以成为校园文化的重要组成部分,丰富大学生的课余生活,营造健康向上的校园氛围。同时,这些活动也可以成为展示学校办学特色和教育成果的重要窗口,提升学校的社会声誉和影响力。最后,从辅导员工作的角度来看,创建大学生思想政治教育特色活动,有助于提升辅导员的专业素养和工作能力。在活动的策划、组织和实施过程中,辅导员需要不断学习新知识、掌握新技能、探索新方法,这对于推动辅导员队伍的专业化、职业化发展具有重要意义。

三、"一班一亮点"品牌培育意蕴

"一班一亮点"培育的意蕴,首先体现在辅导员在组织班级特色亮点活动的过程中,可提升辅导员的组织与指导能力,策划和推动班级特色活动需要辅导员具备良好的组织和指导能力,通过实际操作,辅导员可以锻炼和提升自己在活动策划、团队协调、资源整合等方面的能力。其次，可以深入了解学生需求与动态，通过组织和参与班级特色活动，辅导员能够更深入地了解学生的兴趣爱好、才能特长以及团队合作能力等方面的情况，从而更好地把握学生的需求，为日后的学生工作提供更加精准和有针对性的指导。同时可以增强与学生的情感交流，共同参与特色活动为辅导员与学生之间提供了更多互动和交流的机会，有助于拉近师生之间的距离，增强彼此之间的信任和情感联系。每一次的班级特色活动都是一次新的尝试和挑战，对于辅导员来说，这不仅是工作内容的丰富，也是工作经验的积累，这些经验可以为辅导员在未来的工作中提供更多的参考和借鉴。当看到学生在特色活动中取得成果、获得成长时，辅导员会感受到强烈的职业成就感和满足感，这是对其工作的最好肯定和鼓励。最后，开展"一班一亮点"特色活动可以创新辅导员的工作方式，通过开展特色活动，探索和尝试新的工作方式和方法，以适应不断变化的学生需求和教育环境，保持工作的新鲜感和活力。"一个班一个特色亮点活动"对辅导员来说不仅是一项工作任务，更是一个提升自我、了解学生、丰富工作经验和增强职业成就感的重要机会。

四、"一人一计划"品牌培育意蕴

"一人一计划"培育的意蕴，首先体现在可以帮助辅导员明确职业目标与方向，通过制定年度发展规划，辅导员可以清晰地设定自己的职业目标和发展方向，避免在职业生涯中迷失方向或走弯路。这有助于辅导员更加聚焦和有针对性地开展工作。其次，可以提升工作动力与热情，明确的职业规划能够为辅导员提供持续的工作动力和热情。当辅导员看到自己制定的目标一步步实现时，会有强烈的成就感和满足感，从而更加积极地投入到工作中。同时，可以促进个人成长与发展。年度发展规划通常包括知识、技能、经验等多方面的提升目标，通过规划的实施，辅导员可以系统地提升自己的综合素质和能力水平，实现个人成长与职业发展。制定计划还可以提高辅导员的工作效率与质量。有了明确的规划，辅导员可以更加合理地安排工作时间，优化工作流程和方法，从而提高工作效率和质量。这有助于辅导员更好地履行工作职责，为学生提供更优质的服务和指导。该品牌的培育还有助于增强职业竞争力与适应性。随着教育环境和学生需求的不断变化，辅导员需要不断提升自己的职业竞争力和适应性。通过制定和实施年度发展规划，辅导员可以保持与时俱进，不断学习和更新自己的知识和技能，增强应对变化的能力。最后，实现个人价值与职业理想。每个辅导员都有自己的职业理想和追求，通过制定年度发展规划并付诸实践，辅导员可以逐步实现自己的职业愿景和价值追求，为教育事业和学生成长贡献自己的力量。

第四节
辅导员学生工作"四个一"品牌培育价值

打造有影响力的学生工作品牌能够吸引优秀的师资、企业的合作、社会的支持等更多的优质资源，这些资源的整合和利用可以进一步提升学生工作品牌的实力和影响力，形成一个良性循环。辅导员学生工作"四个一"品牌的培育对于学生工作的开展具有重要的价值，具体可以体现在以下几个方面。

一、提升辅导员的工作质量和水平

通过"四个一"品牌培育，辅导员更加清晰地确定自己的工作目标和方向，通过设定明确的品牌理念和定位，辅导员可以更加聚焦于核心任务，避免分散精力，从而提高工作的针对性和实效性。这有助于辅导员更好地履行工作职责，为学生提供更优质的服务和指导。在"四个一"品牌培育的过程中，辅导员需要对现有的工作流程和方法进行全面的审视和优化，这可以提高工作效率，减少不必要的重复和浪费，使辅导员能够更加高效地开展工作。"四个一"品牌培育还要求辅导员具备较高的专业素养和规范性，通过不断学习提升自己的专业知识和技能，辅导员可以更加科学地开展工作，减少主观性和随意性，提高工作的专业性。"四个一"品牌培育往往需要团队协作和沟通。在这个过程中，辅导员可以锻炼和提高自己的团队协作能力、沟通能力和领导力，从而更好地与团队成员和其他相关方进行合作和协调，共同推进工作。

二、增强辅导员的职业归属感

通过"四个一"品牌培育，辅导员能够更加明确地认识到自己工作的独特性、重要性和影响力。这种认识有助于强化辅导员对自身职业身份的认同，从而更加坚定地投入工作中。这往往也伴随着工作成果的展示和认可。当辅导员的工作被学校、同事、学生和家长认可，并形成具有一定影响力的品牌时，辅导员会深刻感受到自己工作的价值和意义，从而增强职业成就感。"四个一"品牌培育不仅是对已有工作成果的总结和提炼，更是一个持续学习和成长的过程。在这个过程中，辅导员可以不断提升自己的专业素养和综合能力，实现个人成长与职业发展，进一步增强职业归属感。通过"四个一"品牌培育，能够建立起辅导员与学生、家长、学校之间的深厚情感纽带。这种情感纽带不仅有助于提升工作效果，还能够让辅导员感受到自己是这个教育社区中不可或缺的一部分，从而增强归属感。"四个一"品牌的成功培育会成为一种内在的激励力量，驱使辅导员不断追求卓越，超越自我。这种自我驱动的力量是职业成就感和归属感的重要来源。

三、促进学生全面成长成才

辅导员学生工作"四个一"品牌的培育可以为学生提供一个个性化的发展平台。"四个一"品牌培育强调特色和创新，鼓励辅导员根据学生不同的兴趣、才能和需求，设计具有针对性的活动和品牌。这为学生提供了更多展示自我、发展个性的机会，有助于激发他们的潜力和创造力，促进其个性化发展，同时还注重培养学生的综合素质，包括思想政治素质、道德品质、文化素养、身心健康等方面。通过参与特色亮点活动，学生可以接触到更广阔的知识领域和更丰富的实践活动，从而提升自身的综合素质和竞争力。许多活动和品牌需要学生以团队的形式参与，这不仅可以锻炼学生的团队协作能力和沟通能力，还可以培养他们的集体荣誉感和责任感，有助于形成积极向上的团队精神和文化氛围。通过参与社会实践、志愿服务等活动，学生可以更加深入地了解社会、认识国情，增强自身的社会责任感和使命感，为成为有担当、有责任心的公民打下基础，培养学生的社会责任感与公民意识。这些不仅有助于学生的个人成长和发展，更有助于培养符合时代需求的高素质人才。

四、推动高校思想政治工作创新

辅导员学生工作"四个一"品牌的培育，首先要求辅导员对思想政治工作有深入的理解和创新的思考。这促使辅导员不断更新工作理念，从传统的、单一的说教模式转向更加多元、互动和体验式的教育模式，从而更有效地引导学生树立正确的世界观、人生观和价值观。辅导员需要不断探索和丰富思想政治工作的内容，结合时代特点、学生需求和学校特色，将抽象的理论知识转化为生动的实践活动，使教育内容更加贴近学生、贴近生活、贴近实际，提高了思想政治工作的吸引力和感染力。"四个一"品牌的培育还推动了思想政治工作方法的创新，辅导员通过运用新媒体技术、开展线上线下相结合的互动活动、建立学生自我教育机制等方式，增强了工作的针对性和实效性，使思想政治工作更加符合当代大学生的认知特点和接受习惯。辅导员学生工作"四个一"品牌本身就是一种新型的思想政治工作载体，通过品牌的培育和推广，可以将思想政治工作的触角延伸到课堂之外，覆盖到更广泛的学生群体，形成全方位的育人格局。同时，"四个一"品牌的建设还促进了校园文化、社会实践等多元化载体的发展，为思想政治工作的开展提供了更加广阔的平台。"四个一"品牌的培育需要建立完善的工作机制作为保障，这包括领导机制、协同机制、激励机制和评价机制等，通过这些机制的创新和完善，可以确保思想政治工作更加规范化、系统化和科学化，为品牌的持续发展提供有力支撑。

五、提升学校声誉和影响力

吉林工程技术师范学院具有独特的办学特色和优势，而辅导员学生工作"四个一"

品牌正是展示这些特色和优势的重要窗口。通过品牌的培育和推广，可以向外界展示吉林工程技术师范学院在学生工作方面的创新成果和成功经验，从而吸引更多人的关注和认可。成功的辅导员学生工作品牌，不仅可以在校内形成良好的口碑，还可以在社会上产生积极的影响。这有助于提升学校的社会形象，使更多人对学校产生好感和信任，进而增强学校的社会声誉。具有影响力的辅导员学生工作品牌，可以成为学校吸引优质生源和社会资源的重要筹码。优秀的品牌可以吸引更多有志向、有才华的学生报考，同时还可以吸引更多的企业、社会组织等与学校进行合作和交流，为学校提供更多的发展机会和资源支持。辅导员学生工作"四个一"品牌的培育过程，本身就是一个不断创新和探索的过程。在这个过程中，学校可以积累丰富的经验和教训，为未来的创新发展提供宝贵的借鉴和参考。同时，品牌的成功培育也可以激发学校其他方面的创新活力，推动学校在教育教学、科研管理等方面实现更大的突破和发展。最后，辅导员学生工作"四个一"品牌的培育，有助于增强学校内部的凝聚力和向心力，当师生共同参与到品牌的创建和推广中时，他们会更加认同学校的办学理念和价值观，更加珍惜和维护学校的声誉和形象，这种凝聚力和向心力是推动学校持续发展的重要力量。

第二章
"一院一品牌"品牌培育

当前，全国各高校都在努力写好"奋进之章"，都保持着时不待我、只争朝夕的饱满精神状态，高校的教育始终与祖国的振兴、发展密不可分。应用型本科高校在国家教育事业发展过程中扮演着重要角色，它们具有独特的办学资源、特色的专业设置，承担着为地方发展培养应用型人才的重任，体现出办学特色至关重要。当前，国内各高校面临的政策环境发生了很大变化，且变化速度快，变化质量高。为适应产业结构转型升级的需要，对接《中国制造2025》制造业强国战略，国家的高校教育资源侧重于区域经济发展战略需要。2014年国务院印发的《关于加快发展现代职业教育的决定》指出，要深化产教研合作、校企合作，引导一批普通本科高等学校向应用技术类型高等学校转型。2015年发布"双一流"政策后，国内高校掀起了改革与发展的浪潮，2019年，"双万计划"正式启动，对"双一流"建设进行了重要补充。2017年，"新工科"概念的提出，开启了我国工程科学教育的新革命。同年，教育部发布《关于"十三五"时期高等学校设置工作提出意见》提出支持地区新设高水平应用型高等学校。2024年全国高等教育总规模人数为3230多万，高等教育毛入学率为57.8%，我国高等教育在学规模和毛入学率再创新高，高等教育向普及化阶段快速迈进。高等教育已经从精英教育发展到大众教育，学生具有越来越多的选择权利，对普及的高等教育也提出了更高且多样化的需求。

第一节
"一院一品牌"品牌培育背景

我国人口老龄化加剧，新增人口出生率在不断下降，但当前各高校的招生数量却在不断增加，各高校之间的生源竞争逐渐激烈，且学生大部分为独生子女，家里对子女的期盼过高，在择校时，对学校的办学质量、就业率、科研水平、学风校风、校园文化、师资力量等综合性评价要求较高，在此背景下，各个高校都面临着生存与发展的问题。要想较好应对此类问题，应用型本科高校必须重视品牌发展的理念，打造学校学院特色品牌，做好品牌战略布局，抓好品牌建设工作，吸引更多的优质生源，提高本校品牌的核心竞争力，才能在资源紧张的市场中获得一席之地。

吉林工程技术师范学院是全国首批专门为职业教育培养培训专业课教师的全日制本科师范院校，也是目前东北三省和内蒙古地区唯一独立设置的全日制本科职业师范院校，被誉为"职业教师教育的摇篮"。在育人实践中，学校始终坚持以职教教师教育为核心功能，以应用型专业教育为主线，形成了职技高师培养与应用型人才教育并重，职教教师培养与培训"双重支撑"的办学格局。学校坚持应用性、师范性和专业性"三性"统一的办学定位；坚持内涵发展、特色发展、创新发展、协同发展，突出职教教师教育特色；坚持职教教师培养、职教教师培训、职教科学研究、职教智库服务四个中心建设；坚持发挥职教教师保障、职教科研引领、教育教学示范和职教文化传播四大功能。

学校打造一流本科教育，荣获国家级教学成果二等奖7项，省级教学成果奖40项。探索"校—企—校"协同育人，构建学校导师、企业导师、职业院校导师共同参与人才培养的"多导师制"培养模式，培养职教教师和应用型人才。学校与340多家企业建立稳定的合作关系，深化产教融合，建有省级专业特色学院1个、省级创新技术学院1个、智能制造国家级现代产业学院1个、现代机器人省级示范性现代产业学院1个和智能汽车产业学院、工博产业学院、匠谷工匠教育研修院、新闻出版学院等7个校级现代产业学院，拥有"1+X"证书试点品牌27个，证书考核工种涵盖33个本科专业。学校推进大类招生，设立卓越师资班、工程实践教育实验班、紧缺人才培养定制班，入选吉林省高校服务"一主六双"高质量发展战略优秀案例3个，在省内开展师范生公费教育，与韩国世翰大学、庆一大学、东新大学合作举办中外本科合作办学品牌。近五年，学生在"互联网+"大学生创新创业大赛、"挑战杯"大学生课外学术科技作品竞赛等各类科技创新创业竞赛中，获国家级奖、省部级奖项1472项。建校以来，学校为地方经济社会发展培养输送5万多名毕业生，省内职业院校专任教师2.8万人中有42%毕业于我校，且大多数已成为教学和管理骨干。毕业生深受用人单位欢迎，近年来就业去向落实率持续保持在90%以上。

在此基础上，为深入学习贯彻全国、全省高校思想政治工作会议和我校思想政治工作会议精神，充分发挥学院的主观能动性，进一步完善和丰富学院大学生思想政治工作载体，增强工作的吸引力和感染力，吉林工程技术师范学院9个二级学院创建了符合专业特点，师生参与面广，教育效果显著，具有示范性和可持续性的大学生思想政治工作品牌。具体实施时间从2022年10月开始，品牌内容主要结合工作实际和专业特点，围绕大学生思想政治工作开展的"五爱"主题教育、学生党建、学风建设、校园文化、网络思想政治教育、心理健康教育、资助育人、实践育人、就业创业等。

首先开展"一院一品牌"品牌申报工作。品牌负责人为各学院学生工作副书记或学工办主任。主要参与者不少于5人（可吸收学生骨干参与）。每学院限报1项。具体申报条件为：工作特色鲜明，品牌要围绕立德树人的根本任务，贴近大学生思想、学习和生活实际，结合学院人才培养目标及学科特点，形成具有学院专属特色的工作品牌；育人功能较强，品牌主题突出、目标明确，符合时代精神，具有良好的育人功能，通过品牌创建，能够激发师生工作和学习热情，汇聚学院发展"正能量"；品牌效应突出，品牌可为学院已持续开展并取得阶段性成效的工作品牌，也可为新近开展或计划开展、可供培育的新品牌。品牌的实施有针对性和实效性，能形成典型性经验、固定工作平台和长效工作机制，具有较强的品牌传播力，可示范、可引领、可辐射、可推广。

具体申报实施步骤如下：

"一院一品牌"创建按照学校资助、院系配套、持续推进的思路，分为重点品牌和一般品牌两大类，以一年为周期进行建设。

1. 提出申请

申报学院上报以下材料，向学生工作部提出申请。

（1）《吉林工程技术师范学院大学生思想政治教育"一院一品牌"品牌建设申报表》。

（2）品牌文字说明材料。基本内容应包括品牌主题与思路、实施方法与过程、主要成效及经验、下一步加强和改进的计划等，要求文字简洁、重点突出，字数3000字以内。如果是新近开展或计划开展的新品牌，提供的说明材料要把重点放到工作思路、实施方法和预期目标上。

（3）品牌支撑材料。可根据实际需要，提供能直接支撑说明品牌建设情况的视频、PPT、图片、辅助资料等。

2. 现场答辩

学校将聘请由专家组成的评审委员会对申报品牌进行评审。申报单位通过PPT介绍品牌情况，并回答专家的提问。

3. 立项确定

依据专家评审委员会的评审结果，确定3个学校大学生思想政治教育"一院一品牌"立项重点品牌，其余品牌为一般品牌。

4. 公示公布

对大学生思想政治教育"一院一品牌"立项建设品牌在全校进行公示。公示无异议后，学生工作部行文下发立项通知。

5. 品牌实施

各学院要按照立项方案认真组织实施，实施过程中要注意做好相关资料的分类归档。

6. 验收检查

品牌建设周期结束后，学生工作部聘请专家组成评审委员会进行验收。评审委员会通过审核各创建单位的实证材料、听取PPT汇报、现场进行评审，以优秀、合格和不合格等级进行结项。获得优秀的品牌优先推荐参加全国、全省学生工作品牌立项和校园文化建设优秀成果评选等。

相关要求如下：

（1）加强领导，务求实效。各学院要高度重视，紧密结合工作实际、学生需求和专业特点，选择创建方向，精心策划，有重点、有计划地开展创建活动。要以此为契机，进一步加强提炼、提升内涵、强化特色、打造品牌，着力打造一批能展示专业特点、具有示范性和可持续性的学生工作品牌。

（2）加强宣传，扩大影响。各学院要加大宣传力度，拓宽宣传信息渠道。对在开展"一院一品牌"工程中好的做法和经验，要互相交流，加大宣传力度，大力培育典型，发挥引领示范作用，不断深入推进"一院一品牌"工程实施。

（3）注重积累，形成成果。各学院要认真做好创建"一院一品牌"工程过程中的宣传报道与活动图片、视频资料等相关材料的收集整理工作，及时总结推广好经验、好做法。

第二节
"一院一品牌"品牌培育价值

"一院一品牌"的培育有助于展示学校学院办学成果及特色，提高社会影响力和知名度，提升高校行业竞争力。"一院一品牌"为学校的各个学院提供了一个独特的平台，通过打造具有特色的教育品牌，充分展示学院的办学成果。每个学院都可以根据自身的专业优势、研究方向和教育资源，建立独具特色的教育产品或服务。这些产品或服务不仅体现了各个学院的教学质量和研究实力，更能够凸显学院的办学理念和特色，从而提高自身的社会影响力和知名度。通过打造独具特色的教育品牌，并在各种渠道进行宣传和推广，可以让更多的人关注了解。这种关注不仅可以带来更多的教育资源与合作机会，还能够吸引更多的优秀学子报考，为学校注入新的活力和动力。同时，随着学院品牌知名度的提升，其在社会上的影响力也随之增强，在高等教育竞争日益激烈的今天，"一院一品牌"可以帮助学院在行业中脱颖而出，提升竞争力。通过打造独具特色的品牌，学校的各个学院可以在激烈的竞争中形成自己的优势和特色，从而吸引更多的优质生源和优秀教师。这种品牌效应还可以为学院带来更多的科研合作和品牌机会，进一步提升学院的整体实力。此外，"一院一品牌"还可以促进学院与其他高校或企业的交流与合作，为学生提供更多的就业机会。

"一院一品牌"不仅关注学院的品牌建设，更注重学生的全面发展。通过特色教育品牌的打造，可以为学生提供更加个性化和多样化的教育资源和课程，促进学生的全面发展。例如，食品工程学院结合自身的特色领域，开设精酿选修课程，建立大学生健康饮食管理协会，开展"一食生春"创意logo大赛、"一食生春"酒文化知识宣讲、"一食生春"甜米酒酿造、"一食生春"葡萄酒的鉴赏……让学生在专业领域得到更深入的探索和更多的实践机会。这样不仅可以培养学生的专业素养和实践能力，还能够激发他们的创新思维和团队协作能力。

"一院一品牌"为学院与企业的合作提供了契机。学院可以依托自身的特色品牌，与相关行业的企业建立紧密的合作关系，共同开展科研品牌、人才培养和社会服务等活动。这种校企合作模式不仅可以促进产学研一体化发展，还能够为学生提供更多的实习与就业机会，帮助他们更好地融入社会。同时，通过与企业的合作，可以及时了解行业动态和市场需求，不断调整和优化自身的教育品牌和教育内容，以更好地适应社会发展的需求。

"一院一品牌"的实施可以引进有丰富实践经验和行业背景的优秀教师，为品牌的实施提供有力的人才保障。为拓展品牌的发展，学院需要加大对教师的培训和引进力度，提升他们的专业素养和教学水平。通过定期组织教师培训、学术交流和教学研讨等活动，促进教师之间的经验分享和合作，提高他们的教学质量和科研能力。随着品牌效应的提升，整体的师资水平也提高了。

第三节
"一院一品牌"品牌培育现状

关于"一院一品牌"学生工作品牌建设的研究，余红珍认为，如何认识高校文化的特点，建设适合高校自身发展的校园文化，打造具有科学特色的"一院一品牌"校园文化品牌，如何利用校园文化加强思想政治教育是对当代大学生全面教育的重要实践问题。朱芳转认为，高校二级学院如何做到专业发展与思想政治教育同向同行、相互关联、并行不悖，并从学院专业发展的角度打造"一院一品牌"思想政治教育品牌和特色，在组织机构、教师队伍、育人文化、实践平台、质量评价等方面形成"五位一体"协同共建局面是关键。邹静对上海城建职业学院"一院一品牌"校园文化建设品牌开展过程进行了介绍并得出了建设启示。吴冰冰以辽宁装备制造职业技术学院学生管理工作为例，阐述了"四个打造"具体举措，探讨思想政治育人与学生管理协同育人的实践路径。

昆明理工大学将第二课堂作为第一课堂的补充形式，开展了形式多样的第二课堂活动，打造了具有该校专业特色的校园文化建设品牌"奔腾电力"，形成了旭日之"甸"、定基石之"奠"、耀青春之"靛"、传旋风之"淀"、创蓝图之"殿"的五"电"工程。构建"青马"伊甸园，引导学生积极投身于"青马"工程建设中；牢牢抓住团的基层组织建设，结合学院文化、专业特色、学科优势，建立团学积分册制度，推选多项出众的团日活动；打造校园文化艺术建设工程，用寓教于乐的方式展现校园风采；打造学生课外学术科技实践活动工程，培养学生实际运用能力；打造促进学生就业创业工程，多渠道、多形式为就业学生提供相关培训与就业指导，帮助大学生尽快完成角色转变。渭南师范学院重点打造了书香、翰墨、影音、抒臆"四个人文"品牌、"青春使命"文化品牌、"传媒师说""战役日记""为你而声"三联动品牌，创建"书记小喇叭""物堂师风""数德同堂""数学文化""今日报数"思想政治教育宣传专栏，形成了良好建设局面和以点带面的品牌示范效应。上海城建职业学院打造了以党建为统领的"根、茎、叶、花、果"文化特色品牌，以课程思想政治为引领的"让每一个学生都出彩"文化特色品牌，以书香满园为引领的文化特色品牌，提升了学生的精气神，改变了学生的学习状态，产生了良好的品牌培育效果。金华职业技术学院构建了理工类建工学院"红砖家园"，抓好"建设一个红旗工作站""构筑一排红色网格""开展一系列红色主题活动""搭建一个红云平台""培养一大批'红砖'人才""五个一"工作法；打造了师范类师范学院"鹿田书院"，制定"四联系"制度，打造淑女节、师范节、新生节、寝室节"四节日"活动品牌，组建一支书院队伍"鹿田书院宣讲团"；建立医学类医学院"医路仁家"，围绕"仁心陶铸人格（专业+党建思政）、仁爱践行医德（专业+志愿实践）、仁术精湛医术（专业+特色社团）"三仁育人核心，以"医路"系列学生品牌为载体，形成"五维四纵"育人体系。此外，制药学院的"阿郎居里"、信息学院和机电学院的"智造'工'寓"、旅游学院的"红旅驿站"、艺术学院的"七彩艺园"等公寓楼，都形成了凸显专业特点、各具特色的公寓文化。

近几年，关于学生工作品牌、"一院一品牌"的研究如雨后春笋般呈现出来，各高校都在积极探索二级学院的典型经验做法。吉林工程技术师范学院开展"一院一品牌"品牌培育，聚焦学生成长成才的全要素，以专业发展与思想政治工作耦合育人、同频共振为切入点、突破口、有力抓手，着力从创新学校思想政治教育方式、拓展思想政治教育工作载体等方面进行实践和探索。近年来，学校聚焦"爱己、爱家、爱校、爱党、爱国"育人工程，探索构建思想政治教育体系的有效路径，打造了系列学生工作品牌。学校多次被评为长春市思想政治工作优秀研究单位，在引导广大学生做社会主义核心价值观的坚定信仰者、积极传播者、模范践行者，促进学生全面健康发展方面，取得了良好成效。

第四节
"一院一品牌"品牌培育目标

培育"一院一品牌"实现促进学生全面发展目标。其旨在通过每个学院的专业优势与特色活动，打造独具二级学院特色的品牌，为学生提供更加多元化、个性化的成长平台。各学院通过特色的品牌活动，充分考虑到本学院学生的个性差异和兴趣爱好，为学生提供多样化的选择，激发他们的学习热情和创造力。通过参与这些活动，学生可以更好地了解自己的兴趣所在，明确自己的发展方向，实现个性化发展。各个学院围绕"一院一品牌"所设计的活动往往涵盖了知识、技能、情感态度等多个方面，旨在提升学生的综合素质。比如，吉林工程技术师范学院数据科学与人工智能学院通过线上引领、线下实践构建了"1+党建+N"模式下党建赋能的"一站式"育人微社区，突出学生这"1"育人中心；以"共建、共创、共享、共荣"为理念；涵盖组织、科研、实践、文化、网络、心理、管理、服务、资助、劳动等"N"项育人内容，以学院党总支、学生党支部、学院团委、学生工作办公室、"数智青年"网络思想政治一体化平台、易班工作室、学院大学生心理服务站、学院融媒体中心、学院就业服务中心9个组织及团队为抓手，以微党课、微团课、思政微课、心理微课、就业指导、劳动教育、考研指导"七学"为平台，将党建贯穿育人全过程，探索育人体系的创新，促进学生的全面发展。

培育"一院一品牌"实现学生的"四自"目标。"四自"目标，即实现大学生自我管理、自我服务、自我教育、自我监督目标。通过品牌的开展，学生可树立"四自"的意识。比如，吉林工程技术师范学院机械与车辆工程学院围绕"一站式"学生社区建设，打造了以学生公寓阵地为载体，以活动建设为依托，以文化育人为主线的特色学生公寓文化。其按照"党建领航、师生共融、成长成才"的总思路，坚持"思想引领、内外互促、多维并举、全面推进"的总原则，完善了学生社区自治组织，制定了楼栋长、楼层长、寝室长三级网格化管理制度，建立了"公寓图书角""心理解压角"，增设了"烦恼投递箱"，绘制了校园文化墙，打造了政工值班交流室、优秀退伍寝室、优秀考公寝室、优秀考研寝室、优秀党员寝室、优秀书香寝室、文明寝室，将思想政治教育工作、心理健康教育工作、寝室建设与管理工作融入学生生活园区中，让学生在日常生活中自我管理、自我服务、自我教育、自我监督。

培育"一院一品牌"实现学校"五爱"育人目标。"五爱"即"爱己、爱家、爱校、爱党、爱国"，2017年起，吉林工程技术师范学院遵循思想政治教育规律与学生成长成才规律，在全校师生范围内实施"爱己、爱家、爱校、爱党、爱国"育人工程，探索构建思想政治教育体系的有效路径，引导广大学生做社会主义核心价值观的坚定信仰者、积极传播者、模范践行者。培育"一院一品牌"将"五爱"育人工程理念融入其中，可更快实现对学生的全面培养。比如，吉林工程技术师范学院经济与管理学院建设了"五爱三堂"融通式思想政治教育体系，以"五爱"教育为育人思想核心，以第一课堂为主要载体，以第二课堂为主要阵地，以第三课堂为主要平台，以爱育人，以学促建，以文化力，以实笃行。"线上+线下"同时开展了"抓学风、树榜样"促学风活动，建立了长春文庙社会实践基地，采取"学校—政府""学校—企业""学校—学校"的三线对接方式，发挥了学生的专业优势与特长。

培育"一院一品牌"实现品牌发展的目标。品牌培育的过程也是品牌发展的过程，在实施品牌的过程中及时发现问题、解决问题，有利于高效达成品牌效应，让品牌发展成名化，带动更多二级学院的品牌发展。吉林工程技术师范学院国际教育学院构建了"2+4+6"实践育人体系，教师、辅导员全员参与，面向一至四年级全体学生，利用思想教育、教育实践、社会实践、志愿服务、学科训练、创新训练6个平台，开展"语伴+"助学志愿服务、社会实践活动。新闻与出版学院以专业设置与人才培养方案为核心，依托学院实际、专业特色、特色社团、学生兴趣，紧紧围绕"五爱"教育工程，为传播中国力量赋能。"一院一品牌"的培育还可以实现高校品牌长效机制的目标，通过总结各院系品牌打造过程中的成功经验，建立品牌推广的长效机制，为其他学校、学院提供有意义的参考借鉴。

第五节
"一院一品牌"品牌培育内容

吉林工程技术师范学院始终坚持习近平新时代中国特色社会主义思想，深入贯彻党的二十大精神，落实"立德树人"的根本任务，在打造大学生思想政治教育品牌上苦下功夫。近年来，学校聚焦"爱己、爱家、爱校、爱党、爱国"育人工程，探索构建思想政治教育体系的有效路径，打造了系列学生工作品牌。

坚持以马克思列宁主义、毛泽东思想、邓小平理论、"三个代表"重要思想、科学发展观、习近平新时代中国特色社会主义理论为指导，深入贯彻落实全国和全省高校思想政治工作会议精神，贯彻落实习近平总书记系列重要讲话精神，紧紧围绕"立德树人"根本任务，遵循思想政治教育规律和学生成长成才规律，全方位、全过程开展社会主义核心价值观教育，培养信念坚定、身心健康、文明向上、朝气蓬勃的当代大学生。

一、"五爱"教育内容

（一）爱己：指爱护自己，关心自己的身心健康和幸福

教育引导学生懂得珍惜生命、珍惜青春、珍惜机遇，懂得热爱身体、关爱心灵、提升品质；要探索自身价值，做好职业生涯规划，寻求成功路径，对自己行为负责、对自己成长负责、对自己未来负责；要修德以立身、勤学以增智、健身以强体，做到自尊、自爱、自信、自立、自强。组织开展生命教育、人生价值教育等活动，引导学生要珍爱生命，勇于改正自身不足，对生活充满热爱；组织开展志愿服务、社会实践等活动，鼓励学生要关爱他人，勇于献身公益，对社会充满情怀；组织开展学科竞赛、科技创新等活动，鼓励学生热爱钻研，勇于创新创业，对未来充满信心。

（二）爱家：表示对家庭的热爱和关心

教育引导学生树立家庭观念，热爱自己的家庭、关心自己的亲人；要传承良好的家风，自觉维护家庭和睦，浓厚邻里友情，自觉帮助家人成长进步，同荣辱、共患难；要弘扬家庭美德，尊老爱幼、明事知礼，学会感恩、懂得报恩。组织开展"一封家书"、感恩父亲节（母亲节）等活动，鼓励学生情系家庭、浓厚亲情、感恩父母，勇于表达对父母之爱，关心家人生活，做到知恩图报；组织开展传承家庭美德、家风家训征集等活动，鼓励学生传承传统文化、弘扬家庭美德，勇于引领家庭风尚、化解家庭矛盾，做到念家、护家；组织开展"我为家庭绘蓝图""我为家庭争荣誉""奋斗家庭梦想"等活动，鼓励学生培养家庭自豪感、荣誉感和责任心，勇于担当家庭重任，孝道当竭力，忠勇表丹诚。

（三）爱校：强调对学校或教育机构的热爱和忠诚

教育引导学生树立大局意识、集体意识、责任意识，关心学校发展建设，培养主人翁精神；要知校、爱校、荣校，弘扬校训精神，践行工师精神，传承良好校风学风；要尊师重教、爱校如家，热爱专业、班级、老师、同学，自觉遵守校规校纪，讲文明、懂礼貌，维护学校良好形象，为校争光。组织开展学习校史、校歌、校训、章程等活动，鼓励学生了解学校发展历史、传承工师精神，关心学校建设发展，争做合格"工师人"；组织开展"知荣辱、守纪律、有品行"主题教育活动，鼓励学生自觉践行社会荣辱观，遵纪守法，培育良好道德品行，争做文明大学生；组织开展提高师德师表礼仪、提高从师任教能力、提高专业技术能力等活动，鼓励学生涵养师德师表、锻炼师能技能，开拓创新，争做优秀的应用型人才。

（四）爱党：指对中国共产党的支持和忠诚

教育引导学生自觉学习党的历史，树立坚定的政治信仰，拥护党的领导，听党话、跟党走；要关心党的发展建设，弘扬党的优良传统和作风，争做坚定的青年马克思主义者；自觉学习贯彻党的路线方针政策，坚定"四个自信"、强化"四个意识"，始终同党中央保持高度一致，做中国特色社会主义的合格建设者和可靠接班人。组织开展党的基本理论知识学习教育等活动，鼓励学生深入研究了解党的发展历史，自觉增强"四个意识"，做党的坚定信仰者、支持者、拥护者；组织开展中国梦等具有时代特色的学习教育活动，鼓励学生将自身成长融入党的事业中，勇于坚持真理，坚持科学发展规律，增强中国特色社会主义发展信心，做党的事业的促进者、推动者、践行者；组织开展"青马工程""大骨班"培训、理想信念等教育活动，鼓励学生明确目标，勇于同不良现象做斗争，做党的优良传统的倡导者、继承者、传播者。

（五）爱国：表示对国家的热爱和忠诚

教育引导学生学习国史，了解国情，培养以爱国主义为核心，团结统一、勤劳勇敢、自强不息的伟大民族精神；忠于祖国，忠于人民，坚决捍卫祖国尊严，自觉维护国家利益和民族团结；学习中华优秀传统文化，自觉弘扬中华传统美德，增强民族自豪感和自信心，自觉践行社会主义核心价值观，为实现"两个一百年"奋斗目标而努力学习。组织开展大学生创新创业、挑战杯、"互联网+"等活动，鼓励学生关注国家社会发展，勇于创新创业，始终投身于中国特色社会主义伟大事业建设；组织开展革命歌曲大联唱、诗词大会、成语大会、成人礼等教育活动，鼓励学生学习国学、弘扬中华优秀传统文化，勇于把握主观意识形态，分辨认识误区，始终坚持国家利益高于一切；组织开展国防安全、大学生入伍等教育活动，鼓励学生学习军队的过硬作风，了解军事，向往军营，积极投身国防建设，始终坚决捍卫国家的主权和领土完整。

二、"一院一品牌"与"五爱"教育相融合

"五爱"育人工程以育人活动为主体，成为学校学生思想政治教育、校园文化活动、日常教育管理等工作的重点内容。近年来，学校围绕"五爱"育人核心内容开展各类主题活动100余项，出版相关思想政治专著10余部，形成以"全方位育人"为主体，以"X+X"（线上线下+校内校外）、"S+H"（思政+活动）为两翼的育人载体，融通了"入学—在校—离校"的育人路径，从入学到就业，将"五爱"育人思想贯穿其中。学校构建了"家庭—学校—社会"教育共同体，形成了校院两级党政领导、专任教师、辅导员、学生骨干、学生家长、企业人员"七位一体"协同育人的队伍。

围绕"五爱"育人的理论研究，开展"活动品牌化、内容微课化"特色品牌育人活

动，将思想政治教育活动具体化，组建"五爱"教育、大学生心理健康、网络思想政治教育工作室，开展科学研究，极大丰富"五爱"教育的内涵。学校通过"学习筑梦班""青马工程培训班"，培养了一批具有先锋精神的优秀学生骨干，成立了"筑梦"宣讲团，在各个学院打造"学习课堂"，开辟"学习园地"，以寝室为单位成立"学习小组"，开设了12个专题的学习筑梦选修课，将"五爱"教育浸润到教育、管理、服务的各个环节。

学校开展了丰富多彩的"五爱"育人实践活动，高度重视第二课堂与社会实践相结合，与榆树市巾帼职业培训学校、长春文庙、伊通满族自治县新时代文明中心、一匡街社区、团山社区、一心社区等合作共建了10余个大学生实践基地，组建近百支大学生社会实践服务团队，让学生在社会实践中增知识、长才干。注重将"五爱"育人活动在线上、线下同时开展，充分利用网络，创新思想政治教育的育人模式，开展了专题网络文化育人活动，打造了系列学生喜闻乐见的优秀网络文化成果100余项，在"学工在线"、易班、微博等平台广泛传播。

电气与信息工程学院以"党建+"凝聚育人合力，打造了"党建+铸学魂、党建+强学风、党建+严管理、党建+新实践、党建+创服务"五大特色品牌。形成了"三维"（理论学习、技能培训、实习实践）、"四级"（全体共青团员和入团积极分子，班级、团支部骨干，院级学生骨干，教师团干部）团校培养体系，围绕"思想旗帜""坚强核心""强国复兴""挺膺担当"4个专题开展主题教育，发挥党员教师和学生党员作用，开展"考研助学导师计划""学生骨干成长支持计划"，举办"育人强师"培训班，推行党员积分量化管理，开启"党建+社区志愿"新模式，开展"暖心工程"走进养老院、老年社区，让思想政治教育理论和党课适度走出校园，让学生在服务与思政实践中获得快乐与认可。

艺术与设计学院与龙山社区巾帼创业帮扶中心结对，为该中心开展缝制技能培训，帮助436名就业困难妇女实现再就业，深入一心社区、龙山社区开展结对共建，公众号、官方抖音号"艺术之光"成为宣传学校、学院的特色网络平台，"我爱雪中的吉林工程技术师范学院"系列短视频，播放量超240万、点赞量超1.2万、留言130余条，被多家媒体转发，突出了"爱校"教育实效。教育科学学院将"思政+美育"结合，构建了协同育人的美育体系。以"三全育人""五育并举"为导向，赋能"两个环节"（美商培养、美育实践）、"三个美化"（美育引领化、美育实践化、美育特色化），实施"青师"系列活动，推进"一融两高"，将美育实践带进社区，整体提高学生的审美水平。生物与食品工程学院推动"三联（教育教学联动、党团联动、家校联动）促三学（导学、督学、伴学）"，完善"1（辅导员）+1（专业教师）+1（实习企业负责人）"三导师制。坚持"以学生为中心，以学习为主线"的理念，以相关专业特色社团为依托，打造"科研创新班"，申报了一批国家级、省级和校级高水平创新创业训练品牌。

【优秀案例一】

机械与车辆工程学院"三全育人"视域下"一站式"学生社区建设研究

一、品牌简介

为深刻践行以"立德树人"作为教育总目标理念,将高校思想政治工作和思想价值引领贯穿教育教学全过程,基于新时代"三全育人"视域下,以营造良好校园文化和寝室氛围为目的,打造"一站式"学生社区。本品牌以学生公寓阵地为载体,以活动建设为依托,以文化育人为主线,围绕学生全面成长打造特色学生公寓文化,丰富第二课堂文化活动,为学生搭建展示自我的个性化平台。通过"五爱"教育建设,引导学生自我管理、自我服务、自我教育。机械与车辆工程学院将围绕思想政治教育、心理健康、寝室建设与学生管理构建"一站式"学生社区服务体系,开展"寝室文化艺术节""公寓图书漂流""公寓趣味心理游戏"等文化活动,以及"辅导员思想政治教育进公寓""优质毕业生进寝室"、打造特色主题寝室等,推进校园文化建设。

二、品牌创建方案

(一)思路与目标

以打造复合型"一站式"学生社区为目标,提高综合育人能力,不断推动"三全育人"工作体系建设,将思想政治教育工作、心理健康教育工作、寝室建设与管理工作融入学生生活园区。围绕"党建领航""师生共融""成长成才"总思路,坚持"思想引领、内外互促、多维并举、全面推进"总原则(图2-1)。

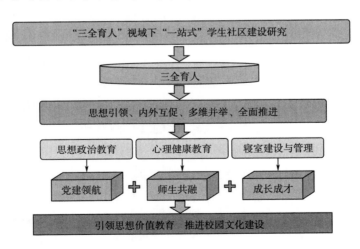

图2-1 "三全育人"视域下"一站式"学生社区品牌建设思路

1. 将"一站式"学生社区空间打造成"三全育人"实践平台

"一站式"学生社区作为新的育人空间,聚合了多支育人队伍,承担着学生成长各阶段的育人任务,成为各项资源有效下沉的有力承载,是新时代"三全育人"的新平台。通过"一站式"综合管理试点，推动学生社区教育培养模式、管理服务体制、协同育人体系、支撑保障机制改革，推动学院学风建设融入学生社区，引导学生关心学校发展建设，培养主人翁精神。

2. 将"一站式"学生社区空间发展为学生成长的复合场域

"一站式"学生社区以楼宇社区空间为载体，为学生成长提供多种平台，引导学生主动参与社区建设，共同营造积极向上的社区空间文化氛围，成为助力学生成长的第二课堂。

通过"一站式"学生社区多场景服务体系，教育引导学生树立大局意识、集体意识、责任意识，增强心理调适能力和社会生活的适应能力，预防和缓解心理问题，以便更好地帮助学生成长为社会所需要的全面发展的人才。

3. 将"一站式"学生社区空间构建为党建引领的承接载体

"一站式"学生社区建设需要通过强化党建引领来推动实施。高校学生社区以空间为基础构建"纵到底、横到边、全覆盖"的社区党建模式，成为新时代高校党建工作组织优势、阵地优势和活动优势的承接载体。建设社区学生组织，辅导员、学生党员、入党积极分子、学生干部担任负责人，完善社区学生自治组织。提升学生自我教育、自我管理、自我服务，培养学生互助互爱、团结协作精神，共建平安文明和谐校园。

4. 将"一站式"学生社区空间作为学风建设的培养基地

"一站式"学生社区以为学生提供自由型学习时间和空间为目标，让"考公""考研"意识潜移默化，打造独特寝室学风。创设考研"一站式"、考公"一站式"优秀标榜寝室，学院领导班子及辅导员老师下沉各考研考公特色寝室，关怀备考学生心理健康，传授理论学习经验，树立寝室良好学风学貌，打造浓厚校园文化氛围。

（二）创新与特色

1. 加强寝室特色管理，发挥寝室文化氛围

建立学生自我管理自我服务组织，完善社区学生自治组织，深化楼栋长、楼层长、寝室长三级网格化管理。在公寓楼设立"楼长信箱"，及时收集和解决学生各类需求，并及时获取答复，一些共性的问题能在网页上进行公开发布。定期开展学习社区相关心理活动，满足学生学习、师生交流、生活服务、活动开展等需要。加强文化建设，落实爱国主义、集体主义和核心价值观教育。引导学生营造平安文明的寝室环境、和谐向上的寝室关系和健康活泼的寝室氛围。

2. 注重文化育人，传承红色基因

在图书角附近打造校园文化墙。将校训校歌、校史校情、中华优秀传统文化、革命文化等教育资源的内涵融于其中。教育引导学生牢记初心使命，弘扬爱国奋斗精神，培育社会主义核心价值观等一系列党政思想。打造"一段故事，一种精神"等特色品牌活动，将退伍士兵、党员模范寝室文化融入一站式社区建设；由退伍士兵、党员起到带头

作用，共同学习交流部队文化、革命文化、社会主义先进文化等先进文化思想。

3. 下沉走访学生寝室，共创勤勉研修楼层

提升学生自我服务、自我管理的主观能动意识，加强关怀他人、约束自己的双向互动。通过设立研修寝室楼层、研修自习室，保证"想、能、做"一站式学习，可延长自习室供电时间、提供充电插座等便于考生复习。学院领导班子及辅导员老师加强人文关怀，适度探访，掌握学生备考情况，多方融入交流，了解学生实际需求，缓解备考压力。

（三）申报基础

1. 突出公寓管理优势，开展形式多样的活动

吉林工程技术师范学院长德校区第一学生公寓、第二学生公寓、第三学生公寓绝大多数为机械与车辆工程学院学生，对于构建"一站式"学生社区以及整体化管理和服务学生有着独特优势和便利条件。得益于长德校区公寓良好设施与住宿环境，近三年，学院开展了"走进绿色文明公寓，师生共话查寝生活""争做文明寝室，展爱笑风采"寝室管理活动；"评选筑梦寝室，争做优秀榜样"活动；"同在屋檐下，共爱一个家"查寝活动；"学习筑梦"寝室交流会等一系列以打造良好寝室文化为主题的活动，展现了机械与车辆工程学院学子们文明、健康、积极、向上的精神风貌。

2. 以寝室为阵地发挥党员示范作用

通过"五爱"教育建设，引领学生党员、学生干部起带头示范作用，加强学院寝室日常管理，培养良好的学习和生活习惯，推进校园文化建设。学生党支部和生活部联合开展"做楷模、强堡垒、树旗帜"党员示范公寓活动，充分发挥学生党员在日常生活中的先锋模范作用，在学生中树立党的形象，展现党员的先进性、示范性。

学院坚持"全员参与、全过程辅导、全方位覆盖"的育人模式，合理搭建网络平台，围绕思想政治教育、心理健康教育、寝室文化教育等专题开展丰富多彩的活动，将育心和育德相结合，为本品牌研究奠定良好的理论与实践基础。

（四）实施方案

1. 优化公寓生活环境，发挥实践育人作用

（1）建设寝室楼层走廊图书角，各公寓楼的每层拐角将会摆放"心灵书架"，摆放专业专著、公考、四六级考试等相关复习资料、心理健康书籍等，促进同学们交流共享。鼓励学生进行图书漂流，实现知识的传递，涵养阅读风尚。

（2）打造寝室心理文化墙，通过编写心灵寄语，制作手工海报，绘画实时心情来打造一面专属寝室的多彩文化墙，通过公寓成员默契配合，打造出独有的寝室心理文化氛围。

（3）举办寝室文化艺术节，提升以寝室为主题的文化品位，陶冶学生情操，丰富业余文化生活。打造公寓文化走廊，通过展板、海报、宣传墙等方式，打造积极、阳光的公寓文化氛围，共创整洁美观的生活环境。

（4）设立政工值班交流室，公开各值班老师的联系方式，特设专门时间、专门地点，为学生提供指导。邀请往届成功"上岸"学子进寝室，为考研考公备考学子传授朋辈榜样经验，引导正确积极心态面对各项考试，充分关怀学生内心世界。

2. 创新基层建设，彰显模范作用

（1）建设党员、退伍士兵示范寝室，以增强优良学风。以优化寝风为出发点，实施党员、退役士兵寝室挂牌制度，设立"党员示范寝室""退役士兵标兵寝室"，发挥党员和退役军人榜样引领模范带头作用。

（2）开设便利服务中心，包括自助打印设备、心理咨询室、活动室、党员值班室等，为生活提供便利服务。辅导员和学生干部将走近学生日常生活，走进学生内心生活，引导健康的生活方式。

（五）保障措施

（1）坚持高标准、高品位，以学院文化为载体的特色寝室文化要精心设计、认真布置。由学院党委书记牵头，党委副书记领导，全体辅导员和学生干部、学生党员组织实施，整合资源，统筹保障。

（2）特色寝室文化建设将充分发挥学院、班级及学生等全方位、多元化、综合性的组织优势，在实现"三全育人"教育背景下激发学生主观能动性和自我探索、自我服务意识，积极展现当代青年的责任和担当。

（3）品牌建设将秉持创新性原则，兼顾学院特色文化具有发展性、动态性等特点，根据发展需要定期对相关内容进行更新，以促进品牌质量提升，保障活动持续推进。

（4）学院将加大经费投入力度，设立建设专项经费，保证寝室文化建设的长期稳定运行。推动育人力量高频融入学生日常学习生活的第一线，为学生提供更好的成长生态、更优的教育资源、更强的支撑服务。

【优秀案例二】

电气与信息工程学院以"党建+"凝聚育人合力，推进高校育人机制创新

一、品牌简介

该品牌坚持以育人为核心、以立德为根本，扩大组织育人方式的广度，提高组织育人要求的精度、拓展组织育人内容的深度，打造"党建+铸学魂""党建+强学风""党建+严管理""党建+新实践""党建+创服务"五大特色品牌，凝聚育人合力，推进高校育人机制创新。

二、品牌创建方案

（一）思路与目标

电气与信息工程学院以"党建+"为工作机制，打造"党建+"的特色品牌。以"提

升人才培养"为标准，以建造学习型党组织为抓手，以"提升人才培养质量"为追求，秉持以学生为本、以德育为主导的工作理念。在人才培养、科学研究、社会服务、文化传承等方面，因地制宜精心谋划，统筹组织精准发力，不断创新工作方式方法，进一步完善工作机制，提升基层党组织的战斗力和凝聚力，拓展工作载体，提升工作实效，推进学院各项事业稳步发展。

电气与信息工程学院学生党支部秉持以学生为本、以德育为主导的工作理念，不断总结支部党建工作经验，创新工作思路和方法方式。大力创新"党建+"工作机制，打造"党建+铸学魂""党建+强学风""党建+严管理""党建+新实践""党建+创服务"五大特色品牌，提升党员服务工作质量，促进各项工作再上新台阶，树立新时代学生党支部建设工作"风向标"。

（二）创新与特色

一是打造学习型党组织。抓理论强素质，筑牢思想阵地，丰富党建活动载体，系统化学习教育，让党员理论学习逐渐形成体系。完成党支部基础建设工作，加强和规范党支部政治生活。二是建设规范型支部，完成规范化组织管理，将上级党组织工作要求逐步落实到位；数据化监督考评，创新形式助推民主评议党员制度有效实施。推动党建与立德树人工作相互结合、有机融入，突显党支部政治思想引领作用。三是打造党建特色品牌，推进理论学习教育。促进"党建+铸学魂""党建+强学风""党建+严管理""党建+新实践""党建+创服务"之间的深度融合。四是建设引领型支部，党员榜样立起标杆。以思想政治教育为着力点，发挥党员先锋模范作用，带动青年学生热爱祖国、热爱奉献、热爱生命，深化青年学生思想认知。

（三）申报基础

电气与信息工程学院学生党支部获得省级先进基层党组织。学院党委副书记李克强于2020年荣获吉林省"辅导员年度人物"提名奖、2021年荣获"第五届校辅导员素质能力大赛案例分析"一等奖。团委书记张东于2021年获"吉林工程技术师范学院年度先进个人"称号，王帅等四名学生于2021—2022学年获得校级创先争优"优秀学生干部"称号。近三年支部成员获得省政府奖学金6人次，获得国家奖学金14人次，获得省级及以上荣誉称号17人次。学生党支部在推进思想教育、专业学习、志愿服务、社会实践、就业创业等方面发挥示范引领作用。

（四）实施方案

以党支部"双创"工作室为依托，以"铸学魂、强学风、严管理、新实践、创服务"五大特色品牌为载体，坚持"线下"与"线上"相结合，着力开发富有支部特色的党建和思想政治工作网络平台。以党建宣传新阵地、工作交流新平台、教育管理新载体、凝聚力量新渠道、信息收集新方式、数据分析新手段为目标定位，把党的建设各方面内容资源集中起来，打造集多种功能于一体的"党建+"综合性平台。

1. "党建+铸学魂"

一是抓好党建主责主业，突出支部政治功能，发挥好政治把关作用。定期召开组织生活会与支部党员大会，在e支部党员大会上定期发布线上学习，对学生党员分期进行党课的集中培训。全面提升支部工作质量。加大教育党员力度，以习近平新时代中国特色社会主义思想为指导，全面贯彻党的二十大和二十届历次全会精神，使支部成员学懂、弄通、做实习近平新时代中国特色社会主义思想，政治自觉、思想自觉、行动自觉更加坚定，铸就忠诚干净的担当之魂。二是提高对学院共青团青年的政治引领力。每月定期举办主题党日活动，增强主题党日质效，让党员在参与主题党日活动中不断提升党性修养，始终牢记和践行入党初心，不断提升主题党日精度、效性、力度。同时，增进党员与学生之间的互动，进而提高党支部的组织力、凝聚力、战斗力，倡树优良学风。党支部在学院进行宣传演讲实践活动，增强青年的政治敏锐性和政治鉴别力，坚决拥护"两个确立"，始终做到"两个维护"，推进学习型支部建设。

2. "党建+强学风"

一是建立起党建与学风相长的机制，带动学风建设和人才培养工作。把党组织的政治优势和组织优势转化为推动人才培养的强大动力。先锋党员以加强和改进学生党建和思想政治工作为宗旨，积极将党组织的政治优势转化为工作优势，切实发挥思想引领、榜样带动、学风促进、生活服务等方面的作用，打造学习型、服务型、创新型基层党组织。积极帮助群众解决困难，进行一对一服务。二是完善并推广智慧党建体系。运用平台积极开展学风建设工作，在加强党组织管理的同时，发挥党员作用，使党建工作与专业特色结合，促进学生的学习、工作、基本素质培养等和党建工作共同发展。

3. "党建+严管理"

一是依据党员发展标准，切实保证新发展党员质量。严格执行党员的十六字发展方针，保证支部的生机与活力。注重政治合格，端正学生入党动机，学生党支部落实团组织"推优"入党制度，严把"质量关"。办理入党积极分子骨干培训班，制订切实可行的培训方案，使普遍教育与定向培训相结合，日常教育与定期培训相结合，历史纪念日与当前形势相结合。同时党支部要坚持育人为本、德育为先，把立德树人作为根本任务，充分发挥课堂教学的主渠道作用，牢牢掌握意识形态主动权，努力拓展新形势下大学生思想政治教育的有效途径，形成全员育人、全过程育人、全方位育人的良好氛围和工作机制，实行"党建带团建"制度。二是依据优秀共产党员标准，建强党员队伍。全面推行党员积分量化管理，做到党员严守政治纪律和规矩、参加组织活动、履行党员义务发挥先锋模范作用等"有记录、有评价、有奖惩"，进一步增强党员教育管理针对性和有效性，增强党员的责任感和使命感，打造可推广的党建品牌。

4. "党建+新实践"

一是引领实践服务，构建育人环境。组织学生党员参与"三下乡社会实践志愿服务"等长期志愿服务活动，充分利用校园内外、网上网下等宣传平台，使学生党员先锋模范起到带头作用，充分带动支部成员先进性。通过党建和实践活动不断增强学生党员家国情怀、社会责任和担当精神，不断提高创新能力和实践能力。二是坚持"三全育人"，建设特色支部。始终以党建为统领，开展志愿服务工作，以务实举措进一步凝聚志愿服务的强大合力，努力打造党员志愿者服务品牌。进一步加强支部特色建设，以学生社团为依托，加大志愿服务力度，建设一支强有力的志愿服务队伍，形成一套志愿服务特色工作模式。

5．"党建+创服务"

一是开展特色品牌，丰富服务载体。在网上搭建交流平台，密切联系群众，及时了解、听取、回应师生意见和诉求，定期组织学生党员积极开展服务、帮扶、慰问等活动。与街道社区紧密联系，开展"暖心工程"，走进养老院、老年社区等慰问孤寡老人，号召学生党员利用课余时间积极参与。二是树立服务典型，形成群体效应。选树典型并大力宣传优秀党员的社会服务事例，在学生党员争做先锋模范上积极发挥组织、协调、督促、引导作用。常态化了解师生困难诉求、倾听师生意见建议，将师生有困难找支部、有问题找党员帮扶机制落实。引导学生党员学好专业理论知识，加大投入志愿服务培训力度，增强服务本领，积极服务社会。落实党建进宿舍服务工作。

（五）保障措施

1．资源投入

做好党支部书记培养培训及支委班子建设工作，建立后备人才长效培养机制。大力实施"阵地保障工程"，进一步加强党员公寓工作建设，为支部志愿服务品牌工作提供平台，为"党建工作样板支部"建设提供全面保障。加强党建信息化网络化平台等条件建设，利用"e支部"、电闪信动、党统筹党建工作平台，加强对党员各方面的统一管理，同时继续加强"党建+"工作制度落实。实行党建工作与学生工作同布置、同调度、同落实。丰富党建工作内容、活化形式载体，推动学生党支部政策从"有形覆盖"向"有效覆盖"转变。

2．条件支持

学生党支部建设工作纳入学院党建工作规划、年度工作要点，认真贯彻落实相关政策和工作要求。加强支部标准化、规范化建设。按期组织党支部换届。严格落实"三会一课"、主题党日等制度，加强督导检查，落实基层党建工作纪实制度。落实建设过硬党支部、示范党支部实施意见，找准发挥支部作用的切入点和着力点。大力实施党组织书记抓基层党建突破品牌，推进解决基层党建工作重点难点问题。

【优秀案例三】

经济与管理学院"五爱三堂"融通式思想政治教育体系建设

一、品牌简介

品牌理念为育人为本，学生至上，博学敦行，厚德致远。融通方法是以爱育人，以学促建，以文化力，以实笃行。以"五爱"教育为育人思想核心，即以爱育人。以第一课堂为主要载体，以学风建设为导向，全面加强学院学生思想政治教育的建设，即以学促建。以第二课堂为主要阵地，以文化活动为引领，将各项活动转化为学生综合能力提升的渠道，即以文化力。以第三课堂主要平台的实践活动为抓手，将第一课堂和第二课堂的成果落实，知行合一，即以实笃行。

二、品牌创建方案

经济与管理学院"五爱三堂"融通式思想政治教育体系建设，旨在通过学院学生工作办公室老师及班导师参与并提供指导，将"五爱"教育确立为学院学生思想政治教育工作的驱动内核。将开展学生思想政治教育与第一课堂、第二课堂和第三课堂深度融合，形成具有鲜明特色的思想政治教育体系和固定的组织架构，通过线上线下一系列活动，长期建设，打造品牌，调动全院学生的学习积极性，充分利用学习优秀生资源，切实帮扶学习困难学生提升学业，共建全院互帮互助、共同进步的学习氛围，通过为学生提供一个固定长期的制度保障与平台支撑，使"五爱三堂"成为实现培育优生，帮扶弱生，互帮互助，共同提高学院学风建设和综合能力的主阵地。

随着社会的发展和文明的进步，大学生的独立性、主体性不断增强，生命尊严的高扬、自我意识的彰显、成功欲望的激发都绽放出青春的美丽与骄傲，思想政治教育既十分重要，又相当难做。我校思想道德的建设是非常成功的，学校会引导学生获得积极的价值支撑和前行动力。青年学生的主体精神、自我意识、情感认知等方面都发展到了一个相对成熟的阶段，已具备了自我意识和反思的能力。而思想政治教育可以为学生精神的成长提供广阔的平台和方向的指引，通过对生命的深度关怀，帮助他们在不断的自我反思和觉悟中，摆脱自身认识、理解的狭隘与局限，全面认识自我，整体把握未来，理性观察世界，从而领悟生活真谛，树立崇高信仰。

本品牌加强构建学校思想政治工作体系，加快形成学校思想政治工作品牌特色，把思想政治工作贯穿教育教学全过程，打好学生至上的工作基础，更好地促进学生个体的发展。本品牌通过"五爱"教育、学风建设、文化推广、实践活动四个方面，促进社会主义核心价值观内化于心、外化于行，做积极思想的传播者和优秀模范的践行者。让学生们切实地理解思想教育的重要性，为其发展奠定坚实的基础。帮助青年学生们在复杂多元的社会现实中构筑起支撑生活意义的精神大厦；并鼓励青年学生努力走出书斋，走向社会，在社会实践的大舞台上接受思想碰撞，丰富人生体验，历练人生信念，创造意义生活。

（一）本品牌建设的目标

（1）通过"五爱"教育，提高学生的思想道德和科学文化素质，让学生们汲取党史丰富的营养，更加相信社会主义，坚定理想信念，为实现中华民族伟大复兴而努力。

（2）通过建设良好学风，为学生创造积极乐观、和谐向上的学习生活环境与学习环境，用良好的学风促进思想道德的建设。

（3）在传统文化的创新及传播，大力弘扬社会主义先进文化，弘扬社会主义核心价值观，讲好中国故事、传播好中国声音，增强文化自信。

（4）在政府、企业、学校等地进行实践，理论联系实践巩固课堂所学的理论知识。提高社会意识，弥补理论知识的不足，提高行动力，师范专业学生以专业为依托开展实习教学，培养教学能力、提升教学效果。在各项实践活动中重视学生的品质、人格教育，使学生形成良好的行为规范。

（二）本品牌建设的思路

（1）以爱育人，以"五爱"教育为引领，确立道德规范，系好人生第一粒扣子。从"爱国""爱党""爱校""爱家""爱己"五个方面开展"五爱"教育，落实好教育阵地，组织好实践活动。

（2）以学促建，通过开展读书分享大会、学科知识竞答等活动促进良好学风的建设。

（3）以文化力，与长春文庙联合开设教育阵地，讲好中国故事，传播好中国声音。

（4）以实笃行，学生在企业、政府、学校进行实践，通过实践提高自己的综合实力。

（三）本品牌建设的特色、创新之处

1."五爱"教育阵地

"五爱"教育阵地坚持总体规划、全面布局，注重效果、分步实施。坚持以立德树人为根本，大力培育和践行社会主义核心价值观。

以"五爱"为主题，讲好历史故事、革命故事、改革开放故事和英雄模范故事。倡导他们以实际行动积极践行社会主义核心价值观，为实现中国梦做出努力，使社会主义核心价值观内化于心，外化于行。同时做好"五爱"教育的持续推进，教育青年树立"爱国""爱党""爱校""爱家""爱己"的信念，让孩子们在心灵深处感受国家的强大和社会主义制度的优越性。

2."线上+线下"同时促进良好学风建设

基于对本活动持续性的长远考虑，经济与管理学院开展"线上+线下"活动，同时促进良好学风建设，无论是线上课堂还是线下课堂都要创建一个良好的学习环境，举办形式多样的各类学风建设活动，线上开展知识竞答、读书分享、优秀笔记评选活动，线下开展辩论赛等，线上、线下同时开展"抓学风，树榜样"的活动，采用自主学习和交流研讨等方式，使学生养成自主学习的习惯，通过各类活动为学生创造积极乐观、和谐向上的学习生活环境，用良好的学风促进思想道德的建设。

3. 与长春文庙联合开设教育阵地

通过本次活动，在长春文庙成立了吉林工程技术师范学院经济与管理学院社会实践基地，为学生提供了更多的社会实践机会和更广阔的展示舞台。增强社会主义核心价值观和"四个意识"，坚定"四个自信"，经历爱国主义洗礼。讲好中国故事、传播好中国声音，增强文化自信。经济与管理学院将充分利用两个基地，发挥实践育人优势，积极开展内容丰富、形式多样的社会实践活动，构建多维度社会实践基地矩阵，实现本活动的可持续发展。并以"思想引领强化学风""线上学习促进学风""家校共育保障学风"等方式一同开展，高效实施。

（四）本品牌建设的实施方案及保障措施

在以爱育人中，要以"五爱"教育为引领。"五爱"教育是社会主义道德的基本要求，是社会主义精神文明的重要组成部分，同时也是学校德育的一面旗帜，是学校思想品德教育的主体部分，发挥着主导、统率的作用。学校组织机构精细设计和规划"以爱育人"文化建设方案，并通过公众号、抖音号等形式进行宣传，深化"以爱育人"的文化核心，让全体师生理解"五爱"教育是教育学生热爱中华人民共和国，使每个人都关心祖国的前途和命运，积极地为祖国的繁荣和富强而奋斗；懂得人民是历史的创造者，是国家的主人，要全心全意为人民服务，对人民负责，为了人民的利益而艰苦奋斗；教育学生正确认识劳动的伟大意义，懂得劳动是人类社会赖以生存和发展的基础；教育学生热爱科学，认真学习和钻研科学，了解自然和社会变化发展的规律，掌握科学技术；教育学生正确认识社会主义的优越性，积极为建设现代化的社会主义强国而献身。通过"五爱"教育的影响让学生们汲取党史丰富的营养，更加相信社会主义，坚定理想信念，为实现中华民族伟大复兴而努力。

在以学促建中，要强调以良好学风的建设为导向全面提升学院学生政治思想教育的建设。加强学风建设，营造浓厚的学习氛围。

第一，提高教学质量和办学水平，促进高等教育的改革与发展，培养适应21世纪需要的高素质创新型人才，这是高校的历史使命。

第二，通过举办读书分享大会、学科知识竞答、实习工作经验交流等活动能够帮助学生们了解社会，树立正确的世界观、人生观和价值观。

第三，思想政治教育工作的主要目标是对学生们进行思想道德等意识层面的科学教育。通过思想教育工作，学生们不仅能够更加坚定理想信念，还能够培养高尚的思想道德和严谨的学习态度。

第四，此项工作的推进意义重大，我们必须重视良好学风的建设，为学生创造积极乐观、和谐向上的学习生活环境，用良好的学风促进思想道德的建设。

在以文化力中，通过举办"经典诗歌永流传"朗诵等活动了解经典，让学生们对经典诗歌进行钻研和赏析，透过诗词的文字感受古典韵味带来的雅致，从中体会到中华民族先辈对人生的感悟，汲取力量，在代入自我情感的同时，提高学生的人文素质；举办文科类知识竞赛，例如，文学常识、古诗、成语接龙，积累学生的文化素养，为提升品行打好基础；举办师范生教学创新大赛，让参赛者自选主题，融入思想政治教育，让学生在准备教学和接受教育中，消化知识，磨炼意志，沉淀底蕴，以达到全方位的提升。通过文学作品为品德的提升打下坚实的基础。与长春文庙孔子学院进行合作，学校教育与孔子思想进行融合，体现"仁"的教育。孔子学院既是讲好中国故事的播音机，更是民心相交的孵化器，通过把中华民族的文化基因、文化精神、文化创新成果推广开来、弘扬起来、传播出去，向世界展现一个真实的中国、立体的中国、全面的中国，也有利于优秀教育文化的传播，提高学生的文化自信。

在以实笃行中，要使学生具有高尚的道德情操、优秀的思想品质。学校的德育教育必须实现由封闭单一的内向型向开放、多项的网状型转变。学校要积极为学生创造与生产实践相结合的机会，将学生在学校学习到的理论与实践相结合。学校积极开展三下乡活动，将文化、科技、卫生下乡，引导大学生深入社会，到基层去、到群众中去、到改革和建设的第一线去、到条件艰苦的环境中去，使学生们在实践的大课堂中了解社会，不断增强人民群众的意识和观念，培养自觉为人民服务的责任意识，进一步明确当代青年学生所肩负的历史使命，牢固树立国家主人翁的责任感和使命感。

（五）本品牌建设的预计成果及成效

自从将"五爱"教育确立为学院学生思想政治教育工作的驱动内核后，学校教职员工将"爱"进行到底，在课堂上倾囊相授，在教授理论知识的同时开拓学生们的思想，使学生们建立起自己的世界观、人生观和价值观。在学风建设方面，学院将会为学生们营造良好的学习氛围，提供充实的物资以及基础设施建设，做到有求必应。在教育实践方面，学院举办相关文化知识活动。通过同学们的组织与参与可以锻炼其社会实践能力，在实践的过程中不断学习新的技能，磨炼坚强的意志。在加强思想道德建设方面，从课堂教学和社会实践入手，学院将遵从育人为本、学生至上、博学敦行、厚德致远的理念，全方面的为学生服务，以达到提高学生思想道德建设的目的。此品牌的开展是本学院教育方针落实的一大进步，将会成为本学院教育建设中的重要工程。

【优秀案例四】

艺术与设计学院志在心中，愿在行动

一、品牌简介

本项目以实践育人为核心，致力于将大学生的思想政治教育与社会实践相结合，通过形式多样的志愿服务活动，激发学生的社会实践性、积极性和主动性，引导青年学生在实践中学习、成长，鼓励大学生到实践中去、到基层去，经受锻炼。健康成长是我们党和政府的一贯方针，在新的形势下，站在执政兴国和人才强国的战略高度，需要长期坚持和不断完善并逐步形成制度，深化对社会主义核心价值观的理解。

二、品牌创建方案

（一）初步成果

通过这次品牌创建，提高团队成员的分析能力，将所学的东西运用于实践，极大地增强了同学们的责任感和使命感，从而达到预期的效果。

（1）学生社会实践意识提高，更加热爱生活，乐于奉献。

（2）学生团队意识加强。

（3）当地人民的团结意识加强。

（4）市民的行为更加文明。

（二）团队成员分工合作

根据团队的品牌计划进行分工合作。建立坚定的文化自信，加强对中华优秀传统文化的挖掘和传承，以弘扬时代精神、倡导文明新风为目标。该品牌实施之前负责人已经对此次品牌做好充足的准备和计划，充分收集并告知成员应注意的安全事项，让各成员了解到本次活动可能出现的个人安全问题并做好防范准备。保证每个团队成员在负责人允许、可及的范围内进行任务与活动。

（三）发展趋势

本次社会实践品牌坚持调研要贯彻理论联系实际的原则，通过形式多样的社会实践活动，激发学生了解社会实践的积极性和主动性，进一步发挥社会实践在加强和改进大学生思想观念的积极作用，引导广大青年学生在社会实践中认真学习实践科学发展观，加深对社会主义核心价值观的理解，开展规划宣讲活动，为中国特色社会主义事业培养更多全面发展的合格建设者和可靠接班人。引导青年学生深刻领悟党的领导、领袖领航。了解当地的农村经济、教育等转型情况，对群众进行生活感知调查，传递教育的火炬，为群众带去科学发展的新理念，为学生带去发展自我、繁荣城市的理想。

团队负责人首先结合精心编排的云讲课对各地区团队成员的部分群众进行宣传，以本地人民群众喜闻乐见的形式贴近人民生活，倡导大部分青年深刻领悟党的领导、领袖领航、制度优势、人民力量的关键作用。其次通过各团队成员组织成的综合服务队和专

题社会实践小分队，有针对性地开展社会实践活动，组成社会主义新农村建设志愿服务团，用实际行动彰显大学生志愿者的担当。观察团计划到农村地区进行调查，感受国家脱贫攻坚、全面建成小康社会的成就成果，通过实地调研，团队对群众进行采访并做出访谈记录。学生在此次调查中更加深入地了解了国情、社情、民情，以便于团队思想政治产品更合适地运营，提升了团队成员的创新能力、实践能力和沟通协作能力，进一步提升团队的专业素养。

（四）目标与思路

我们以"提高青年整体素质，促进社会的和谐与发展"为行动宗旨，努力做到"服务周边群众、拓展学生能力、健全组织管理、追求持续发展"，结合社会对大学生职业技能和个人综合素质的双重期待，将学生的技能培训与素质提高有机融入于志愿服务，将志愿服务作为大学生思想政治教育的生动教育载体，实现"促进社会进步与提升自身能力"的兼顾发展。

立足于志愿服务常态化、制度化建设，强调志愿服务的延续性与保障性，把服务的义务性质和责任意识结合起来。在学生的思想政治教育工作上实现了方式和载体的创新，对大学生志愿服务团体的品牌化建设做了有益尝试。

1. 突显专业性，组织化管理

立足学校课程设置与教学特色，根据不同专业特点，针对性地将"文化品牌"和"科技品牌"送往周边地区。师范类的志愿者们发挥自身专业特长，科学地组织管理是确保组织机构能够成功运行的重要保障。在对志愿者的吸纳和培训中，让新成员能够全面认识到志愿服务性质，克服片面的、不成熟的志愿服务意识，避免出现能力参差不齐现象，注重团队管理，明确自身责任。

2. 注重延续性，品牌化实施

除了发挥自身优势，展现志愿服务专业对口的特色外，还深耕服务的品牌化建设。从服务对象的确定、服务活动的实施到活动效果的评估，都具体化到品牌推进的各个层面。

3. 完善保障性，评价化推进

在对志愿服务活动的效果进行评估时，鉴于其公益性特征，社会效益自然成为考核服务效果的重要组成部分。对于高校志愿服务团体的评估，学生个人素质和能力的提升也同样作为评估和考核的另一重要方面。

（五）特色与创新

1. 发挥社团组织作用，引导志愿服务

（1）积极组织志愿服务活动，提高大学生的实践能力。大学生参与志愿服务活动的重要意义在于服务过程中大学生能够提高自身综合能力。在实践中接触更多的社会群体或者个人，提高自身的人际交往能力。在无偿的志愿服务活动中，培养奉献意识，激发大学生把自身所学投入社会建设工作的热情，成为对社会有用的人才。

（2）社团承担宣传义务，弘扬志愿精神。"少年强，则国强……少年雄于地球，则国雄于地球。"青少年是民族的希望、祖国的未来，青年是党和人民事业发展朝气蓬勃的推动力量。志愿服务，是引导青少年践行使命，成为推动社会建设的生力军的重要途径之一，对于弘扬中华民族的传统美德，树立时代新风，促进青年健康成长，都具有积极作用。社团组织作为志愿服务活动的主要组织者，应该积极承担起宣传义务，大力弘扬"奉献、友爱、互助、进步"的志愿精神，为志愿服务工作营造良好的舆论氛围。

2. 紧跟"互联网＋"时代步伐，加快志愿服务活动创新

志愿服务是服务于社会的，如今，社会经济飞速前进，科学技术和信息技术迅猛发展，志愿服务活动也要不断创新，紧跟时代的步伐。"互联网＋"时代的来临，为我们提供了"大数据"的思维模式，在这种新的环境下，青少年大学生的志愿服务也要在形式和内容上不断创新，提升志愿服务的工作效率，在志愿服务工作中全面提升个人综合素质。

（1）利用互联网组建志愿服务团队，提高大学生人际交往能力。大学生基本能熟练使用微博、微信等社交软件，大学生志愿者组织可以利用这些社交软件，建立大学生志愿者组织的工作阵地、信息平台和分享空间，传播志愿精神，扩大志愿者组织的影响力，吸纳各个专业领域的大学生志愿者参与到志愿服务的工作中。这些社交软件的群聊功能，能够快速地把有共同志趣的人集合在一起，如微信群、QQ群等，这也为组建大学生志愿者服务团队提供了新的形式。

（2）创建互联网志愿服务平台，推动志愿者创新能力发展。互联网的出现，使志愿服务工作有着很多可以创新与开拓的领域，参与志愿者工作的大学生应该充分发挥创新精神，积极探索志愿服务的新方式，发现志愿服务的新平台。比如，在志愿者活动的宣传上可以借助网络媒体与社交软件的力量，或者是创建自媒体。以如今盛行的自媒体为例，大学生志愿者可以创建公众号，在公众号上展示服务内容与服务成果，设置公开联系方式，让需要志愿服务的社会或者个体能够通过这一媒介获得志愿者的帮助。还有网站等也是重要的志愿服务平台，可以让更多的人通过这一平台获得帮助。

在志愿者服务活动形式方面，互联网也给出了更多创新的空间，大学生志愿者组织可以积极发挥创新能力，发现新的服务形式。如可采取公益讲座、进行线上咨询与讨论、"一对一"结对援助等活动形式。

（六）实施方案与保障措施

作为一名合格的志愿者。赠人玫瑰，手有余香；奉献爱心，收获希望；将温暖传递下去，使更多的同学了解志愿者，加入志愿者的队伍，传递爱心，传递温暖。

1. 指导思想

以习近平新时代中国特色社会主义思想为指导，进一步深入开展我校志愿者服务活动，不断树立我校志愿者的良好形象，激励和引导更多的志愿者弘扬志愿精神，投身志

愿服务事业，为早日实现"福民强县"的奋斗目标贡献智慧和力量。大力弘扬"奉献、友爱、互助、进步"的志愿精神，积极培育志愿者服务文化的自觉，推动志愿服务活动常态化。

2. 总体要求

我校应大力开展志愿者服务活动，全校师生都要结合实际，每月至少有一天确定为志愿者活动日，组织社会志愿服务活动，大力推动志愿服务活动常态化。

3. 工作目的

（1）弘扬志愿者精神，传播服务理念。致力于让我校志愿者帮助他人，锻炼自身，不断提高自身的社会责任感和实践能力。

（2）展现志愿者风采，丰富志愿者生活。提供平台使我校志愿者能更好地实现经验、信息、感受等的交流。

（3）通过活动，培养志愿者服务的能力，积极探索我校志愿者服务的新思路、新方法。

（4）打响志愿者活动的品牌，使更多同学了解志愿者，关注志愿者，热爱志愿者事业，加入志愿者的队伍。

4. 工作保障

（1）学校团委根据《吉林工程技术师范学院第二课堂学时（社会责任学分）认定标准》，在学期末按照"社会实践类学时"——"其他活动"以1学时/（人·小时）开具志愿服务时常证明（上限为50学时）。按照学校综合测评"劳动素质奖励加分"的加分规定，予以加分。

（2）对在志愿服务工作中表现突出的个人，授予"吉林工程技术师范学院艺术与设计学院志愿服务先进个人"称号。按照学校综合测评"劳动素质奖励加分"的加分规定，予以加分。

【优秀案例五】

教育科学学院探索"思政+美育"协同育人模式，培养高质量人才

一、品牌简介

高校的首要职能是育人，根本任务是立德树人。美育和思想政治教育都具有强烈的意识形态属性。为深入学习贯彻全国、全省高校思想政治工作会议和我校思想政治工作会议精神，充分发挥学院的主观能动性，进一步完善和丰富大学生思想政治工作载体，增强工作的吸引力和感染力，推进高校美育与思想政治教育协同育人迫切且必要。结合我院人才培养目标及学科特点，借助校园文化活动和社会实践活动的开展，潜移默化地以生动、可感的形式让学生直观感受到美的存在，净化和激发感情，起到教育、陶冶的

作用。

二、品牌创建方案

（一）思路与目标

按照"'思政+美育'协同育人模式"的总体思路，以提升大学生思想政治工作内涵和品位为主旨，沿用好办法、改进老办法、探索新办法，结合学院学科特点，通过完善理论教学、实践活动、艺术展演"三位一体"的教育教学推进机制，在以美育人、以美化人、以美培元的过程中融入思想政治元素，潜移默化地激发师生的工作和学习热情，形成更高水平的人才培养体系，促进德育与美育双赢，为新时代中国发展培养高质量人才。

（二）创新与特色

基于高校在培养人才的过程中，普遍存在思政教育被动或浅尝辄止的问题，该品牌从融合的视角来探索思想政治和美育的协同育人模式，不仅能改善高校人才教育的弊端，也能为人才成长提供更多的培养思路，不仅契合新时代的教育特征，也能满足新时代对综合型人才的需求。

（三）申报基础

1. 专业建设

教育科学学院学前教育专业是"双万计划"省级一流本科专业。专业依托教育学学科和专业优势，开展三导师制、研修制等人才培养模式改革，着力构建学前教育专业课程教学新生态，从提升教师专业素养、强化实践教学、贯彻学前教育行业人才要求、强化课程体系内容设置的科学性等方面入手，稳步推进学前教育专业教学质量向更高水平发展。

2. 实训室建设

为更好地强化实践教学，教育科学学院学前教育专业建有舞蹈室、琴室、画室、演播厅等多个实训室。

3. 实践基地建设

教育科学学院办有全国首家中国职业教育博物馆、北大核心期刊《职业技术教育》，建有全国首个职业教育发展数据库、全国首家现代职业教育史馆和史料库。2019年，学前教育专业建立工博产业学院，基于"以学生为中心"的理念探索校企育人合作，强化学生社会、艺术等领域的技能训练，着力实现多维塑造，专业学生个性化发展突出。

（四）实施方案

1. 理论教学

发挥教育科学学院学前教育专业的独特优势，根据其所开设的"声乐基础""钢琴基础""书法"等课程，培养学生树立正确的审美观、陶冶高尚的道德情操、塑造美好的心灵。这就需要专业教师要具有过硬的政治素质，要更新教学理念，要改变教学模式，最重要的是把思想政治和专业课有机融合到一起，在教授好专业知识的基础上，坚持知识传道和价值引导相结合，让学生在学好专业知识的同时，涵养人文精神和道德情怀，引导学生追求真、善、美。

2. 实践活动

充分利用中国职业教育博物馆和工博产业学院两个平台，围绕师德师风、教风学风开展主题教育。全国首家中国职业教育博物馆由实体博物馆、专题展览馆、数字博物馆、文献与数据监测中心、职业教育播报中心、职业教育专业图书港、职业教育文化展播大厅等组成，向全社会贡献体现职业教育特色的精神文化平台载体和师德师风实践教育基地。我院将每年组织新生和新入职教师参观展馆，让大家感受职教文化和校史文化。

3. 艺术展演

充分发挥学前教育专业舞蹈室、琴室、画室、演播厅等多个实训室的实践教学作用，通过开展各类具有教育意义的实践活动，让学生在体验中快乐成长、成才。

（1）"寻找身边之美"摄影展。

（2）"红歌飞扬，青春多彩"合唱比赛。

（3）"弘扬中华优秀传统文化"古诗词书法展。

（4）"重温红色经典，献礼党的二十大"话剧比赛。

（5）"青春献礼二十大，建功逐梦新征程"大型文艺汇演。

（五）保障措施

1. 加强领导

成立由党总支书记、院长任组长的学院思想政治工作领导小组，领导小组办公室设在分团委，定期研究、统筹推进各项工作。

2. 强化宣传

通过"卓越教科""教科学思千里驿站"等新媒体平台和海报、条幅等传统宣传相结合的方式，对各项工作的开展进行宣传。

3. 经费支持

进一步加大思想政治工作投入力度，切实解决学生活动经费保障问题，使学生活动投入经常化、规范化、制度化，确保思想政治工作稳定开展。

【优秀案例六】

国际教育学院教管融合协同育人背景下实践育人体系的构建与研究

一、品牌简介

实践育人是新形势下高校教育教学工作的重要载体，是推动形成全员全程全方位育人的有效途径。对于增强学生服务国家、服务人民的社会责任感，勇于探索的创新精神，善于解决问题的实践能力，具有不可替代的积极作用。

本品牌围绕以学生专业为基础，结合大学生社会实践，加强顶层设计、学院牵头规划、专业课教师负责实践内容、辅导员参与思想政治引领等，构建"专""实"结合、管教融合协同育人的实践育人体系。

二、品牌创建方案

（一）品牌背景

随着全球化竞争的日益激烈与高等教育综合改革的全面深化，大学生不仅需要具备扎实的专业理论知识和高超的专业技能，还必须有较强的社会责任感、创新创业能力、实践操作能力以及迎难而上的勇气、强大的心理承受能力、良好的人际沟通能力等。

实践育人是高校育人的关键环节，不仅可以从教学方面巩固大学生的专业理论知识、提升专业实践能力，还可以提升大学生在创新创业、人际沟通、承受挫折、面对失败等方面的综合能力，为培养德才兼备、全面发展的中国特色社会主义事业建设者和接班人提供重要保障。

（二）主要思路

1. 全院联动

要高质量、高成效实现实践育人的目标，学院必须将其作为一项重要的任务，从思想上高度重视，周密部署、合理安排，确定总的思路。

2. 优化学风

重视学风建设，完善相关制度，提升教师的治学、教学和管理水平，充分调动学生的学习积极性，激发学生刻苦求知的热情，引导学生勤于学习，勇于实践，促进学生全面发展。

3. 搭建平台

实践育人模式的探索是融教学改革与思想政治教育等为一体的综合性工程，特别是通过"校企合作"完善实践育人体系，更是涉及诸多不可控的因素。

4. 促进就业

当前学生走向社会就业存在的突出问题是实践能力的不足，而学生在校期间最主要的任务还是专业理论知识的学习，所以提升学生实践能力的突破口和重要抓手是以专业为依托推进实践育人。

（三）品牌基础

1. 辅导员加强思想政治教育引领

辅导员的思想政治教育工作贯穿于专业实践的始终，主要从日常的教育管理和问题的分析解决两个层面，即思想教育、宣传动员、分组安排、日常管理、实习和总结六个方面开展。导师制及专业课教师全员参与，专业指导，实践引领。

2．持续开展"全国高师学生英语职业技能竞赛""外研社·国才杯"全国英语阅读、写作、演讲大赛等各类专业大赛

根据不同阶段的学生特点和培养重点，学院确定了"低年级以团队社会实践为主，感知社会，奉献爱心，高年级与职业生规划相结合，突出专业，促进发展"的模式。鼓励倡导学生将所思所想深入研究，形成相关课题。通过比赛将专业知识应用于教学实践。

3．"语伴+"助学服务社会实践团

宽城区一心社区合作共建大学生暑期社会实践品牌——"语伴+"助学服务社会实践团，为学生提升专业师范技能、个人实践能力搭建了有效平台。在浓厚的育人氛围带动下，学院学生相继主动开展与自身特长相适应的社会实践和志愿服务活动。

4．校企合作，建立专业实习基地

在省内为学生联系各类与专业相关的实习实践基地，例如，天童教育素质成长中心、大桥外语、瑞思少儿中心、长春市赢未来教育培训学校有限公司、长春市康明翻译有限公司等省内企业；在省外与广东普宁职业技术学校合作，为同学搭建专业教学平台。

（四）实施方案

针对全体学生分四个层次进行实践能力的锻炼和培养。

1．大一年级：夯实专业基础——板书书写、早读、晚自习

开展英语晨读——每天组织全体大一学生集中进行英语口语练习，牢固基础专业技能。

2．大二年级：积累实践经验——社会实践、各类比赛

开展暑期社会实践——参与"语伴+"助学服务社会实践团，从助教工作体会专业教学过程，在切身的实践中巩固专业知识、提升专业师范能力、历练未来成长和发展所需要的各种技能。

3．大三年级：提升师范能力——助学服务社会实践团

开展创新创业实践——引导学生结合自己的专业、暑期实践和日常生活中的创意和想法，通过学校、社会组织的大学生创新创业活动参加创新创业大赛，在实践中检验学生的平时所学。

4．大四年级：搭建就业平台——提升就业能力，参与教育实习

开展专业教育实习——到中小学任教，在完成学校要求的毕业论文的同时，进一步巩固师范从业能力。

【优秀案例七】

新闻与出版学院"三字一话"——写出靓丽书法字，说出精彩普通话

一、品牌简介

"三字一话"指的是钢笔字、毛笔字、粉笔字和普通话，是新闻与出版学院学习基本技能之一，是从业的基本功。我们的字写得是否工整美观，普通话是否标准规范，关系到学生的语言、文字水平是否高。书法方面，能正确使用粉笔、钢笔、毛笔等按照汉字的笔画，笔顺和间架结构，书写规范的正楷体字，并具有一定的速度。普通话方面，能熟练掌握汉语拼音，用普通话进行教学，普通话一般应达到国家语委制定的《普通话水平测试》二级水平；在公众场合即席讲话，用词准确，条理清楚，节奏适宜。

二、品牌创建方案

（一）主题与思路

切实提高对基本功训练意义的认识，坚持把教育放在训练工作的基本功训练，集中培训与自觉训练相结合，讲求实效。

1. 切实提高对基本功训练意义的认识

抓住基本功技能训练的关键是提高对这项工作重要意义的认识，要认真学习，研究讨论，统一思想，明确要求，形成共识，将基本功训练要求转化为自觉行动，要落实目标责任制，分级管理，分工负责，层层发动，使基本功训练真正成为每个人的实际行动。

2. 坚持把教育放在训练工作的基本功训练上

主要是针对业务素质的培训，教育是搞好训练的重要前提和保证。学校要开展系统的、有针对性的培训活动和教育活动，通过加强建设为技能训练提供强大劲力，保证基本功训练达到预期效果。

3. 集中培训与自觉训练相结合，讲求实效

"三字一话"实施先集中培训后自学训练的方式，要取得实效，必须打破形式主义，因此，既要统一组织全体人员参加培训学习，又要以自学训练为主，人人建立各种笔记，保证落到实处。

4. 学年末进行竞赛式评比，评出一、二、三等奖

通过学年末的竞赛式评比，旨在检验学生的训练成果，激励学生持续提高书法和普通话水平，同时增强学生的竞技意识和团队合作精神。获奖作品将在学院内部进行展示，并推荐至校级刊物或媒体进行宣传。

（二）存在问题及下阶段进度安排

1. 注重长期效益

品牌的具体目标不是一朝一夕就能达成的，应该长期坚持，持之以恒。

2.明确分工，落实责任

由于品牌参与人数多、周期长，应提前做好明确详细的分工安排和具体工作部署，并定时召开专门工作会议，落实各级负责人的具体工作，确保品牌顺利开展。

3.贴合不同专业实际

针对院系的不同专业开展不同品牌，让每个专业的学生都能够学有所得。

（三）实施方法及过程

1.加强领导和管理，高度重视语言文字工作

（1）新闻与出版学院要通过加强语言文字工作的领导与管理，加快学院语言文字规范化的进程，为进一步开创学院教育教学工作的新局面服务。

（2）在教学过程中十分重视培养学生的语言文字规范意识和应用能力，重视学生语言文字能力训练和培养。把语言文字工作作为全面实施素质教育、不断提高师资水平和教育教学质量的重要途径，切实做到学校语言文字工作有机构、有队伍、有目标、有计划、有措施、有检查、有奖惩。

2.加大宣传力度，建设校园文化，营造良好的推普氛围

（1）大力开展宣传活动，利用广播站、学校网站、团队活动会、黑板报等多种阵地、多种形式，在校内外宣传推广普通话、使用规范字。

（2）定期举办"三字一话"相关活动，具体如下。

①书法方面：要求每人每周书写钢笔字两张，毛笔字一张，粉笔字展示一次，并在板书中练习粉笔字。

②每人都要在校内用普通话对话，每周进行一次统一的普通话练习。

③学生内部组建一个"三字一话"小组，在平时，小组内的成员相互督促练习、共同进步，小组间平时也可以组织一次小规模的比赛，互相评比一下之间的书法以及普通话水平。

④学年末进行竞赛评比。

比赛内容分别为：

粉笔字：七言古诗一首（每人在黑板上写一首）。

钢笔字：誊写一篇中短文章（每人用书法字写一篇）。

毛笔字：用楷书书写作品一份。

以上三项比赛要求为：钢笔、毛笔自备，统一发放比赛用纸。要求书写规范、字体标准、美观、大方，无错别字，内容完整，无多字、漏字，版面整洁，章法自然；不超过规定时间。

普通话活动内容和要求为：现场抽取朗读材料（一篇课文），同时进行命题演讲（演讲题随机抽取，准备几分钟），每人演讲时间为5分钟内，要求熟练地运用普通话，做到发音清晰准确，不漏字、添字和读错字，语调朴实、自然，不矫揉造作，语速适

当，流畅，恰当处理语言的节律，尤其要认真处理好停顿和重音。

（3）落实管理，建设精良的教师队伍，保证推广普通话工作有效展开。

本院把推广普通话列入院系工作计划与教师考核方案，提出了明确的目标和要求，建立必要的规章制度。认真按照"三纳入一渗透"（把提高师生规范意识和语言文字应用能力的要求纳入培养目标和课程标准中，纳入学生日常行为规范和校本课程体系中，纳入学校工作日程和常规管理；渗透到德育、智育、美育和社会实践等教育活动中）的模式，将语言文字目标管理切实融入学校的教育教学、常规管理的全过程。

本着公平公正的原则，通过举办活动的形式，旨在进一步提升我院青年学生的水平，培养应用型人才，同时丰富校园文化生活，营造良好的学术氛围，使学生互相学习，共同进步。

【优秀案例八】

数据科学与人工智能学院"数智青年"网络思想政治一体化平台建设

一、品牌简介

"数智青年"网络思想政治一体化平台以习近平新时代中国特色社会主义思想为指导，以全面实施"时代新人铸魂工程"为牵引，以"三全育人"为目标，以"五爱教育"为具体实施路径，依托"易班"平台教育资源，着力构建高校思想政治工作新生态，打造具有吉林工程技术师范学院特色的网络思想政治一体化平台。

本平台坚持"以生为本，引导为先，服务为纲，育人为体"的工作理念，铸阵地、增给养、重引导、强队伍，结合数据科学与人工智能学院办学特色和专业特点（师范性、应用性、网络化、数字化）和现有的思想政治教育团队，构建起全方位、多层次、立体化的"2+4+4"融媒体育人体系；按照"吸引—展示—浸润—引导"的育人思维，围绕平台建设和内容建设，通过手机或电脑端的云路径及校园内数字化屏幕的硬路径，加强四个新媒体平台——易班、微信、微博、抖音的创新，培育4批典型育人成果——网络文章、微视频作品、网络辅导员写手、网络专栏，使学校的思想政治教育从网络"弱声"到"强声"，让主旋律教育亲和入心，全方位满足学生多元化成长需要。

二、品牌创建方案

（一）平台建设思路

1. 形式：丰富思想政治教育的形式多样性

网络育人平台体系建设适应了新时代高校立德树人的新形势，符合"00后"大学生的特点，能够加强师生间、学生间的互动交流，及时有效地解决学生的学习、生活实际问题，有助于解决学生的思想问题，丰富思想政治教育形式，增强立德树人的实效性，对大学生的思想价值观产生重要影响。一系列形象丰满、颇具正能量的数智人物和数智故事，通过线上手机电脑端及线下的数字化屏幕端走进同学们的视野。

2. 特点：实现立德树人的方法实用性

在"易班"平台线上开设思想政治教育、红色教育、学风建设、心理咨询、专业技能、励志故事、校园文化、学生管理、辅导员科研等专题板块；利用现有办公条件（公共教学楼415）线下建设集理论研究、平台管理、作品编辑、指导培训等功能的平台工作室。依托线上展示媒介及线下实体空间，引入校内外相关资源，将人力资源、学科资源、教学资源、科研资源等嵌入工作室建设中，优化网络思想政治教育的实施路径。

3. 内核：坚持内容策划的先进时效性

平台当前依托"五爱"教育工程加强专题内容策划，以捕捉学生关注热点、增强文章可读性和作品可看性、扩大受众群体覆盖面为改进手段，充分挖掘学生群体自身的相关素材，结合知识传播、理论宣讲、事例展示、参赛评比等方式，大力推进中国梦、社会主义核心价值观等理想信念教育，充分体现内容先进性与实效性。同时在重要节日、纪念日、重大事件等关键节点，策划有代表性的专题系列，注重"线上""线下"相结合，使网上发声与线下活动统一、准确合理，发挥网络思想教育的正面引导功能。

4. 拓展：完善平台建设的可持续发展

高度重视网络思想政治一体化平台建设，将平台建设作为学院思想政治教育和辅导员队伍建设的重要载体；实行主持人负责制，设置综合事务组、平台运营组、理论研究组；组建平台工作室骨干队伍，组织工作室成员参与校内外培训，推进工作室成员相互学习，积极进取，共同发展；与党委学工部"易班"发展中心共建网络思想政治平台，以"数智青年"为先行试验田，搭建资源共享框架，共同推进工师网络思想政治工作迈向新高度、新台阶。

（二）阶段性建设成效

按照平台建设思路推进，目前已初步搭建平台架构。

1. 平台工作室建设

工作室建设已经迈出"从无到有"的第一步，目前已申请办公室一间（公共教学楼415，学生谈话室），约15平方米，下一步添置档案柜、计算机、办公桌等办公设备；思想政治教育团队（辅导员队伍）+学生成员团队（数据科学与人工智能学院思想引领中心）的工作室团队基本组建完毕，下一步将吸收考研辅导员、公寓辅导员、心理咨询教师及青年骨干教师加入团队、充实力量。

2. 平台输出端建设

微信公众号平台已初步建设完成，先后发布了《"研"途有你》系列推文9篇，《优秀毕业设计作品展》系列推文3篇，《喜迎二十大·迎新季》系列推文8篇，其中校宣传部约稿2次，《喜迎二十大·国庆献礼》系列推文3篇等，并每月积极向学校"吉林工师学工在线"平台投送推文，充分展现学院学生的风采。根据微信平台后台统计的数据，自首次推送推文以来，截至2023年2月28日，用户关注数量1657人，推送推文298篇，推文最大阅读量达到3138次，微信最高转发量为1100次。总体来看，公众号稿件浏览量大、影响力强、覆盖面广，深受学院教师和学生的喜爱。

3. 平台内容建设

由于平台输出端尚未建设完善，目前初步设立了思想政治教育、红色教育、学风建设、励志故事、校园文化、学生管理等版块内容；随着平台输出端建设逐步完善，心理咨询、专业技能、辅导员科研等版块内容将陆续上线。

（三）下一步建设目标

1. 建立切实可行的团队培训机制

积极组织团队成员参与相关主题的教学观摩和研讨，提升网络思想政治的育人质量；积极聘请校内外的专家、优秀辅导员、优秀骨干教师，分专题为工作室成员进行业务培训，提升成员工作能力。通过建立完善的培训体系，使团队成员在内容策划、网络技术、网文编辑、摄影摄像、视频剪辑等方面具备较高水平，培养团队成为拥有良好的创新意识和能力的尖兵，成为能适应社会需求的网络建设者与管理任务的能手。积极组织学生骨干参与网络文化创新实践活动，及时总结、推广网络文化成果，形成校园网络文化品牌。

2. 搭建合理高效的协作共享机制

平台在党委学工部的具体指导下，积极争取学院在政策和经费方面的保障和支持。高效联动学工部"易班"发展中心，将"数智青年"网络思想政治一体化平台打造成为学校网络思想政治样板平台，将数智学院的网络思想政治教育工作建设成为全校样板学院，协同做好全校网络思想政治教育工作。同时，与兄弟院校间开展互访和交流活动，将校外精品网络思想政治教育资源融入平台建设，做精品、做品牌，全面提升学校思想政治教育层次和水平。

3. 完善多维一体的平台输出环境

持续完善全方位、多层次、立体化的"2+4+4"融媒体育人体系。除目前已建设成熟的"数智青年"公众号外，着手建设"数智E班""数智青年说""数智元宇宙"等多种媒体平台建设，将线上手机电脑端的云路径充分拓展；协同学工部"易班"发展中心在教学楼、图书馆安装数字化显示屏幕，将红色教育专题微课、辅导员精品微课、学生师范技能展示微课、学生专业技能展示视频、校园文化作品视频、重大节日专题教育视频等作品通过校园内数字化屏幕的硬路径循环展示，扩大网络思想政治教育的实效性和实用性，全面拓展教育受众群体。

4. 推进提升内涵的研究成果转化

未来我们将继续着力打造网络思想政治教育工作案例、学生网络创新平台、网络技术服务等产品，形成品牌成果。例如，如何解决新媒体时代网络信息不对称和信息"碎片化"难题，如何推进合作、提升网络文化建设与管理水平的全面培养；如何将网络文化创新产品联合相关职能部门，在校内形成一定的示范和辐射效应等，还需要在实践中积极探索，勇于破解难题，逐步积累经验，提升高校网络思想政治教育的新境界。

【优秀案例九】

生物与食品工程学院探索师生协同学习模式下的学风建设新途径

一、品牌简介

生物与食品工程学院在开展学生工作中，始终坚持"以学生为中心，以学习为主线"的理念，加强理想信念教育、学涯规划教育、适应融入教育、专业思想教育、学风学纪、寝室消防安全教育、大学生心理健康教育、劳动教育、"四杜绝"文明教育、遵纪守法教育、艾滋病宣传教育、"四史"和"普法"教育、防宗教渗透、疫情防控、诚信教育、党员发展等方面引导学生适应校园环境和大学生活，培养学生树立正确的世界观、人生观和价值观。本学期陆续开展酒标设计大赛、茶艺茶点活动、粉笔字书写比赛、演讲比赛、唱红歌比赛等。进一步加强学风建设，强化以赛练技、以奖促学，特别注重考研组织动员、考研专业辅导等方面的工作，推动学风建设再上新台阶，提升学生就业质量。从多维度培养学生综合素质和能力，引导学生成为德智体美劳全面发展的社会主义事业建设者和接班人。

二、品牌创建方案

在经济全球化迅猛发展的今天，社会各界对人才有了更高更严的要求。社会上却不断出现大学生就业率低以及面对激烈的竞争和生存，"蚁族""零帕族"等相继出现的现象，这似乎给在校大学生发出一个信号：就业难，生存更难，大学文凭不值钱。从近几年的数据来看，2020年考研报名人数比2019年增加了51万人，2021年比2020年增加了36万人。自2016年起，我国硕士研究生报考人数在高位上保持高增长趋势。2015—2022年，7年的平均增长率为15.8%。

生物与食品工程学院每年的毕业生有很大部分选择考研，对于这种情况，如何鼓励学生考研、帮助学生进行考研择校，专业课的学习以及培养学生自主学习的能力，提升个人素质，建立良好学习风气，加强学院学风建设是我院主抓的重要工作。面对社会竞争的激烈，考研成了大学生为前途打拼的一大选择。改革开放以来，我国研究生教育实现了历史性跨越，培养了一批又一批优秀人才，为党和国家事业发展作出了突出贡献。要坚持以习近平新时代中国特色社会主义思想为指导，认真贯彻党中央、国务院决策部署，面向国家经济社会发展主战场、人民群众需求和世界科技发展等最前沿，培养适应多领域需要的人才。同时针对考研这一大社会趋势，鼓励学生自主学习，有利于学院的学风建设。

把"育人"主线贯穿始终。每年都分析育人工作中存在的问题，及时地进行总结反馈，并积极努力地探索构建具有广度、深度、信度、效度的全员参与、全过程、全方位的"管理育人"体系，按照切实提高管理育人工作的实效性这一基本思路，结合生物与食品工程学院学生管理工作实际遇到的问题和困难，主要从以下几个方面开展工作：

（一）加强学生管理，建好两支队伍

（1）抓好辅导员管理队伍，统一思想抓好学风，注重抓典型树榜样，用榜样力量感染其他普通同学。

（2）充分利用新媒体平台，建立形式功能多样化的学习研讨小组，并由优秀学生干部统一管理。

（二）以党建带团建，以团建促发展

（1）抓好学生党支部建设，发扬学生党员的模范带头作用。

（2）推进社团组织建设，开展有利于促进学风建设的校园文化活动。

（三）完善"育人"体系，管理制度化、规范化、精细化，抓好学风建设

（1）重视考研工作，建立"导师制"。

（2）开展多彩活动，强化以赛练技。

（3）制定激励机制，鼓励以奖促学。

（4）开拓就业市场，提升就业质量。

深入贯彻习近平新时代中国特色社会主义思想，贯彻落实全国高校思想政治工作会议精神，坚持把立德树人过程作为中心环节。从学生步入大学校园开始，广泛利用新媒体、新技术，创新性地开展系列性的入学教育活动，通过讲授、辅导、座谈、线上参观等方式，引导学生坚定理想信念，完成角色转换，明确专业目标，实现自我价值，提升报国情怀，引导大学生学会学习、学会生活、学会拼搏、学会成长，帮助他们坚定理想信念，养成良好学风。进一步加强学风建设，强化以赛练技、以奖促学。推动学风建设再上新台阶，提升学生就业质量。

围绕提高人才培养质量和服务学生成长成才，结合生物与食品专业的背景与人才需求、专业的发展前景、专业的学习态度、科学的学习方法、合理的学习规划以及终身学习习惯等方面，开展形式灵活的专业宣传和教育，注重针对性和有效性。整合近三年合作企业及学校推荐企业，按性质、地域等元素进行分类，在就业时更精准、更细致地为学生服务。定期举办经验交流、朋辈分享等系列活动，让学生了解生物与食品相关专业的学习方法、思想方法、就业方向、就业岗位应具有何种素质和能力等，激发学生"知专业、爱专业、爱学习、会学习"的钻研精神，从而进一步坚定学生的专业思想，提高学生学习的自觉性和主动性，引导学生科学规划大学生涯。逐步完善指导学生精准撰写职业生涯方案，以书面的形式表现学生职业生涯远景描绘与近期行动计划。后期通过方案在就业时为学生指导并完成简历，让学生不再迷茫、不再自我否定，做到从容自信地

步入社会。

　　学风问题是世界观问题，也是思想方法问题。发扬优良学风，首先要认真学习、努力掌握马克思主义理论的精髓，坚定理想信念，在思想上、政治上、行动上同以习近平同志为核心的党中央保持高度一致。同时学风建设和基层党建是相辅相成的，党建促进学风建设，良好的学风可以使党建更加完善并得以巩固，学风建设才能得到不断发展。以学生党支部作为依托，通过党课的形式，从新生刚入学时对其不断进行专业及学习目标的讲解及设定，针对不同学生让其设定适合自己的学习目标；在大二时坚持培养学习积极性，进行职业生涯规划，积极参加各项比赛和实践活动；在大三到大四阶段，为考研同学提供考研专业课的帮扶。通过构建考研新媒体平台，推进建设学习型党支部。拟构建一个能为考研学生提供各类考研信息，比如，考研公共课、专业课资源共享的百度网盘，以及建立师生共同线上自习室，为同学们起到互相监督、互相帮助的作用，师生互勉共同进步。在党支部活动室旁边建立学院考研自习室，为学生提供一个安静的学习环境。同时积极响应习近平总书记对学风建设的号召，由学生党员发挥考研学习政治中的先锋模范带头作用，通过弘扬马克思主义，强化对基本理论、路线、方针等基础知识以及党的十九届六中全会精神等最新理论成果的系统学习，落实基层党建的工作，潜移默化地影响学生不断端正学习态度，使学生养成相互监督、相互帮助、相互促进、共同进步的良好学风。具体做法如下：

　　（1）建立百度网盘账号。由学生党支部负责人建立考研专用百度网盘账号、购买考研资料并及时提供学生查找资料，考研政策也会及时更新以便同学们查阅。为即将考研的同学们建立院方更加方便快捷的考研官方咨询渠道。同时为一些考教师资格证书、营养师职业技能证书等专业相关证书的同学准备相关备考资料，以及往届学生的总结材料等。

　　（2）建立师生共用线上自习室。老师和同学将在同一个线上自习室共同学习，线上自习室打破了时间、空间的束缚，比线下自习室更方便，形式也更多样，还可以为同学们提供一个好的学习氛围。专业老师的定期加入，在给同学们解决专业问题的同时，无形之中也树立了学习的榜样，在学生之间形成积极向上的学习风气，有助于良好学风的建设。

　　（3）邀请上岸的学长学姐为同学们传授相关考研经验。每年顺利"上岸"的党支部成员都可以为同学们传授各自的考研经历、考研感受、考研心得，高效地为同学们分享考研经验。除此之外，还可以在线上或者线下创办交流会，为同学们更好地答疑。

　　（4）相关专业课老师定期辅导答疑。在考研大方向相同的情况下，会由相关专业的老师为同学们答疑解惑，更加高效地为同学们解决学业方面的难题。仍有问题的同学也可以及时与相关老师取得联系，更加方便后续的学习探讨。

　　（5）在定期的党小组交流会上讨论同学们的考研情况。实践是检验真理的唯一标准。如果在考研途中有任何问题，定期的党小组交流会可以及时调整方针政策，更好地了解考研同学的实时动态，方便后续对同学们的学习管理。

（6）教师成立考研学生心理关怀小组。随着考研上岸率的逐年降低、竞争力的逐年增强，总有学生会因心理问题而自我怀疑甚至中途放弃。为防止出现此等情况，心理关怀小组可以及时调整同学们的当下状态，以便同学们可以用更饱满的态度积极面对考研这座大山。

（7）定期开展党课加强时事政治的学习。不断加强时事政治的学习，支部定期开展党课，让学生进行形势政策的学习，了解每月的时事政治，日积月累中使政治素养不断提高，对考研政治也有一定的帮助。

（8）开展关于考研学风建设的宣讲。由学生党员轮流进行宣讲，宣讲覆盖整个学院，大一大二以职业规划、优良学风作为重点，大三大四以考研学习为重点，针对各个阶段进行不同的宣讲，切实做到过程育人。

生物与食品工程学院考研工作得到学院历届领导班子的高度重视，党政联席会上经常研讨学生考研相关事宜，从考研专用场所的提供，专业导师的配备，辅导员的思想引导，学生干部的全力助援到考研物质奖励等全院师生联动，上下一心，有力保证学风建设持续并顺利开展。

（1）组织保障。学风建设，成立考研团队；团队成员：生物与食品工程学院主管学生工作的副书记、辅导员、学生党支部全体党员和党员积极分子；人员保障：从领导班子成员、辅导员、专业导师、学生干部等全院联动，上下一心，有力保证品牌顺利实施。

（2）具体分工情况。陈迎春、彭欣莉：做好新生入学教育及毕业生就业考研的动员工作；杨德成：学院党总支副书记联系专业老师对考研学生进行专业指导及答疑辅导；曹柏营、王晓娥、李占东及各专业教研室主任：指导各专业学生报考及专业课精准辅导；车驰：学生党支部书记抓汇总考研信息，创建百度网盘账号；学生党员干部负责人：调查毕业生考研情况，将考研意向汇总，同时协助老师完善百度网盘以及线上自习室平台，定期发布考研资料等；积极分子：负责组织动员大三大四同学加入线上自习室，作为自习室管理员，相互监督遵守相关规定。

（3）时间保障。本品牌前期研究基础扎实，相关基础研究已完成，研究时间充分，能够保证选题顺利开展并如期完成。

第六节
"一院一品牌"品牌培育技术路线

"一院一品牌"的培育是一个系统且复杂的过程，旨在通过结合各个学院的专业特色、学生特点以及当前的教育环境，打造具有鲜明特色和广泛影响力的校园文化品牌。

一、前期准备阶段

主要包括对学院品牌的内部调研与外部调研，深入了解各个学院的历史、文化、专业特色、师资力量、学生特点等，认清所在学院的核心竞争力，分析其他高校同类型学院的品牌建设情况，寻找共性与差异。基于调研的结果，明确所在学院的独特定位，设置品牌培育的短期和长期目标，提升学院的知名度、增强学生的综合素质、促进各项教研、科研成果的转化。

二、制订培育计划

对学院品牌进行提炼，通过理论研究、问卷调查、实地调研等方法，提炼学院品牌的核心价值理念，对各学院"一院一品牌"培育现状进行调查研究，制订具体培育计划。

三、具体培育过程

根据调查结果，总结整理出各学院的"一院一品牌"项目培育现状，总结品牌培育的成功经验与启示，探究各学院"五爱"育人效果，分析在品牌培育建设过程中存在的问题，提出针对性的策略及意见，从而探索学生工作品牌培育的创新路径和方法，对好的做法进行价值推广。

四、总结成果阶段

总结"一院一品牌"项目培育的经验及成果，为其他高校的学生工作提供借鉴，收集各学院学生及教师的反馈意见，不断完善各学院学生工作的培育成果形成规律，详细记录各学院品牌建设工作案例，做到有据可循（图 2-2）。

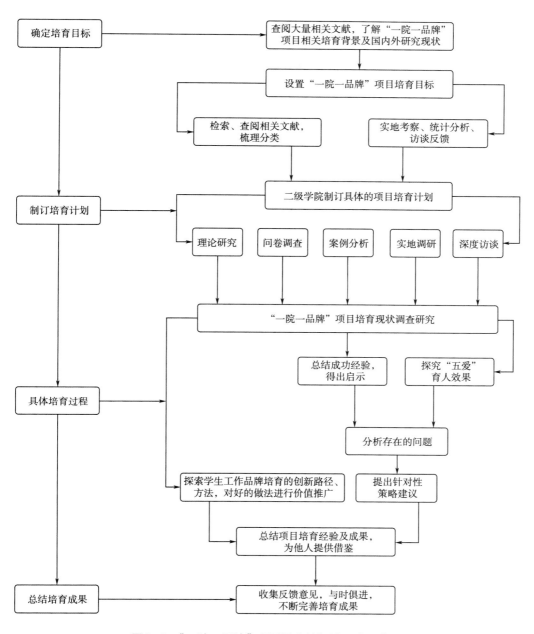

图2-2 "一院一品牌"项目培育的经验及成果流程

第七节
"一院一品牌"品牌培育成果

　　吉林工程技术师范学院坚持重点抓基层的导向,贴近大学生思想、学习和生活实际，结合学院人才培养目标及学科特点，积极培育学院专属特色的工作品牌。在创新实践上下功夫，在提升质量上下功夫，在打造品牌上下功夫，各品牌的实施具有针对性和实效性，能够形成典型性经验、固定工作平台和长效工作机制，具有较强的品牌传播力，可示范、可引领、可辐射、可推广。

学校机械与车辆工程学院"一站式"学生社区建设模式将学生社区打造成为集思想教育、学业指导、生活服务、文化交流等多功能于一体的综合性育人平台，形成了全员育人、全过程育人、全方位育人的"五爱"育人教育模式，提升了学生的获得感与幸福感，2024年考研率大幅度提升。生物与食品工程学院通过数据精准分析，掌握学生的心理、学习状态，制订了有效的相关教学方案进行推广，将"五爱"教育融入实践活动中，形成了优良的"五爱"校风，有效提高了毕业生的考研录取率和就业质量。国际教育学院开展的"语伴+"助学志愿服务活动，与周边社区进行帮扶共建，为社区内贫困家庭的孩子提供英语助学，帮助孩子提高英语学习兴趣，助力其健康成长，促进大学生探索自身未来发展方向，实现了"助人"和"育己"双赢的教育效果。教育科学学院打造的"彩虹计划"，通过书法、绘画、声乐、器乐、舞蹈、环创、心理咨询形式代表彩虹的七种颜色，将美育建设带进社区，校社联合打造"魅力宽城"，活动备受官微、官博等主流媒体关注，突出了"爱己"实效。

电气与信息工程学院"党建+"的育人机制实现了党建工作与"五爱"育人工作的有效衔接，整合了校内外资源，将党建资源与育人资源相互交融，培养了一批优秀的学生骨干，同时提高了辅导员的育人意识与能力，增强了教师的责任感和使命感，突出了"爱党"教育实效。经济与管理学院于2023年9月28日被长春文庙博物馆正式授予"孔子学堂"称号，受到了媒体的重点报道，其依托"孔子学堂"平台，开展中华好家风一体化建设活动，将中华优秀文化、中华优秀家风融入大学生思想政治教育中，通过挖掘文化资源，为大学生思想政治教育注入了活力，突出了"爱家"实效。艺术与设计学院充分发挥画艺赋能，在舒兰市三梁村内1300余米的墙体上绘画面积达1000余平方米，实现了让艺术走进乡村振兴，受到了多家主流媒体的报道，突出了"爱国"实效。

学校长期以来坚持"五爱"育人，积极探索实践育人新模式，积极促进"大思政"格局建设，成立了多个专业性学习社团，学子荣获"挑战杯""建行杯"等多项专业大赛奖项，多支"三下乡"社会实践团荣获吉林省"优秀团队"称号。学校在探索网络思想政治建设方面卓有成效，网络思想政治平台连续多年获评"优秀易班共建高校""优秀易班工作站"，创建的"学工在线""工师数智青年"微信公众号点击率较高，"五爱"育人的工作案例、成果宣传片在中国大学生在线、吉林省高校网络思想政治平台、《吉林日报》《长春晚报》《城市晚报》《东亚经贸新闻》《新文化报》等各大新媒体平台展示，使"五爱"教育成果得以应用推广。

【优秀案例一】

机械与车辆工程学院打造了"一段故事，一种精神"等特色品牌活动，将退伍士兵、党员模范寝室文化融入"一站式"社区建设，由退伍士兵、党员起带头作用，共同学习交流部队文化、革命文化、社会主义先进文化等先进文化思想。

在图书角附近打造校园文化墙，将校训校歌、校史校情、革命文化等教育资源的丰富内涵融入其中，教育引导学生树牢初心使命，弘扬爱国奋斗精神，培育社会主义核心价值观等一系列党政思想。

为完善心理健康教育，机械与车辆工程学院特设图书角，内含丰富的心理知识科普，一系列简单又实用的情绪调节小贴士。增设烦恼投递箱，通过对学生认知、情感、意志、行为的调整和培养，使学生认识自己各方面的潜在能量，在阅读中不断学习、不断进行自我调节，充分地发挥主体意识，发展个性才能，不断健全人格。

寝室内图书角提供了丰富的书籍、杂志和报纸等阅读资源，满足了学生多样化的阅读需求。学生可以在这里自由选择感兴趣的书籍，通过阅读来丰富知识、拓宽视野，这种文化氛围可以潜移默化地影响学生。

寝室楼层图书角，使同学们在课余时间可以轻松地借阅和阅读书籍，无须离开宿舍楼。这种近距离的阅读资源，极大地提高了学生们利用碎片时间进行阅读的可能性，帮助他们培养良好的阅读习惯。

设置优秀退伍兵寝室，增强退伍军人的使命感、荣誉感、归属感，从而调动他们参与学校精神文明建设的积极性。退伍学生宿舍挂牌活动鼓励退伍学生亮明身份，勇于担当，争做榜样，这可以为学校全面建设和发展集聚正能量。优秀考公寝室营造更好的考公氛围，激励大家具备崇高的理想信念、勤奋好学的品质，设置优秀考公寝室，强化寝室的学习功能，提升就业率。优秀考研寝室为学生提供了一个专注、安静的学习环境，有助于形成良好的学习氛围。寝室内的同学往往都有相似的目标和追求，大家互相鼓励、互相支持，共同营造积极向上的学习氛围。这种氛围可以激发学生们的学习热情，让他们更加坚定地走向考研之路。新时代的青年要坚定理想信念，将个人的成长发展与国家的前途命运紧密相连，把爱国主义情怀融入自己的血脉中。设立优秀党员寝室，推动学生完善自己，达到优秀党员目标。为了营造良好的寝室文化气氛，发挥寝室特长，丰富大学生活，弘扬个性创新，展示我校大学生风采。特设优秀书香寝室，激励大家向优秀学生靠拢。帮助大学生树立正确的价值观和生活态度，养成良好的生活习惯，以实现高等教育的最终目标，培养合格的人才。设置优秀文明寝室，让大家逐渐审视自身言行举止，约束自身，在大学里提升自己，达到文明寝室的标准。

"一院一品牌"的培育整合了校内外资源，学院全体教师参与其中，发挥了队伍合力，同时提升了辅导员工作的专业性和实效性，提高了学生工作的号召力和感染力，丰富了大学生课余生活，增强了大学生的综合素质。

【优秀案例二】

电气与信息工程学院持续以树人为核心、以立德为根本。全面贯彻"三全育人"的要求，以"党建+"凝聚育人合力，扩大全员育人方式的广度、拓展全程育人内容的深度、提高全方位育人要求的精度，打造"党建+铸学魂""党建+强学风""党建+严管理""党建+新实践""党建+创服务"五大特色品牌，凝聚育人合力，推进高校三全育人机制创新。

一、"党建+铸学魂"——提升当代青年政治素养

1. 二级党校（以团员为主）

每学期扎实开展二级党校的培训工作，每期培训学员150余人次。每期设置线下理论教学、线上党课平台课程、实践环节、演讲比赛、微视频比赛等环节。

实行三结合原则，讲授与电化教学相结合；辅导与自学相结合；理论与实践相结合。

实施分层教育：

第一阶段：以团支部为单位成立党章学习小组，开展党的早期基础知识教育。

第二阶段：从党章学习小组和班组内挑选出品学兼优的同学（必须是团员）进入党校学习，以党校为主阵地提高其政治理论素质，培养其较强的工作实践能力。

第三阶段：对党校结业生进行党的知识再教育，对优秀的学员进行重点培养，切实做好入党申请人的培养、教育工作及推优入党工作。

2. 二级团校（以青年为主）

面向全员900余名青年群众，设计满足不同年级、不同层次学生需求的思想政治理论课程，形成"三维四级"团校培养体系，三维即理论学习、技能培训、实习实践，四级即全体共青团员和入团积极分子，班级、团支部骨干，院级学生骨干，教师团干部。

3. "青马"工程培训班（以发展对象为主）

每学期针对100余名学生骨干，设计理论学习、专题授课、自主学习、集中交流、现场教学、成果转化、实践锻炼等多个环节，真正做到学"马"、讲"马"、信"马"、用"马"，做坚定的马克思主义信仰者，拥护党的主张，传播党的声音。

4. 学习筑梦班（学生干部骨干）

第五期结业40名（2021/2022级），第六期新增30名（2023级）。

5. 主题教育读书班

组织106名学生党员、1600余名团员，开展主题教育读书班学习。

按照"思想旗帜""坚强核心""强国复兴""挺膺担当"4个专题开展主题教育，同时，结合年度团员教育评议，召开2次专题组织生活会。

6. 思想政治品牌工作

开展"学习二十大，永远跟党走，奋进新征程"主题微团课（图2-3）、"就业引航"示范主题团日活动、"保守国家秘密，维护国家安全"学习活动、学习贯彻习近平新时代中国特色社会主义思想主题教育（图2-4、图2-5）、"青春报国梦"主题宣讲活动

（图2-6）、围绕"团的十九大精神"进行主题学习、"就业引航"示范主题团日活动"担当复兴大任，成就时代新人"团课活动、"廉洁润初心　铸魂担使命"弘扬科学家精神思想政治大课活动等50余场活动。

图2-3　"学习二十大，永远跟党走，奋进新征程"主题微团课现场

图2-4　学习贯彻习近平新时代中国特色社会主义思想主题教育专题讲座现场

图2-5　学习贯彻习近平新时代中国特色社会主义思想主题教育学习会议现场

图2-6 "青春报国梦"主题宣讲活动现场

二、"党建+强学风"——抓好学生主业

1. 课堂质量提升

制订学风建设计划，引导学生明确学习目标。从根本上改变学生上课的状态，提升学习兴趣。召开"优良学风，从我做起"主题班会、"无手机课堂"专项行动、"课堂出勤全员到"等行动、强调学生党员的先锋模范作用，制定了学风建设量化考核指标，将学生出勤率、挂科率、四六级通过率等作为重要指标。

2. 考研助学计划

发挥党员教师和学生党员作用，通过"考研助学导师计划"，提高考研升学率，提升教学质量，体现教师党员的"责任意识""服务意识"和"先进意识"，定期举办考研交流会（5月）、动员会（10月），从报考到调剂，提供全方位指导。为考取研究生的学生授予奖状，学院走廊设立考研荣誉墙。据统计，2023届学院共28人考研成功，再创新高。

3. 朋辈教育活动

加强优秀学生先进事迹宣传，充分发挥优秀党员的示范作用、引导作用和教育作用，将"升学标兵""就业榜样""国家奖学金获得者""应征入伍光荣学子"等优秀学生事迹发布在公众号上，充分发挥朋辈作用，让学生了解学院优秀毕业生的大学学业规划。

4. 注重师能提升

强化师范院校大学生教学基本功训练，示范引领高素质教师培养，全面提升在校生的综合素质。开展了硬笔规范汉字书写、主题演讲、课件制作、说课、讲课比赛以及专业特色师能活动等，建立了"三字一话"实训室、走廊小黑板，定期组织学生练习粉笔字，并纳入德育考核。

5. 开展规划教育

从入学教育到就业指导，用生涯规划的方法帮助学生思考未来，从内驱力提升学风建设。举办"职业生涯规划大赛"（图2-7），全体大一参与，明晰自己的专业方向，初步确立个人目标。举办校园模拟求职大赛（图2-8）。

图2-7　电气与信息工程学院举办"职业生涯规划大赛"

图2-8　电气与信息工程学院举办校园模拟求职大赛

三、"党建+严管理"——营造治理有方、管理到位、风清气正的育人环境

1. 注重党建引领，着力强化服务意识

开展"三服务"专项调研，每学期学院领导深入支部调研100余次，参加所在支部活动80余次。辅导员每周至少一次深入课堂、食堂、宿舍、社团、实验室等，全面摸底师生诉求、意见和建议，汇总276条问题清单，分条分类逐项研究解决。

2. 注重队伍建设，着力提升服务水平

开展《学生骨干成长支持计划》，围绕公文写作、新媒体运用、PPT进阶等开展技能培训，努力提升学生干部的专业化水平，目前已完成培训300余人次。举办"育人强师"培训班，先后组织40余名教师党员开展主题教育学习。

3. 注重载体建设，着力提升管理育人效力

建成公众号"电闪信动"在线意见反馈平台，同时在公寓楼设置意见箱，为学生提供信息反馈渠道。推出校园统一咨询服务热线，公布全体辅导员和主要学生干部联系电话，努力为广大师生学习、工作和生活提供更多便利。

4. 健全党员管理制度，推进支部标准化建设

确保每一项工作都有章可循、有据可查，建立学院学生党支部管理制度（图2-9）；加强基层党组织建设，特别是培养一支政治坚定、业务精通、作风过硬、敢于担当的基层党组织队伍；创新党员教育管理方式方法，利用现代科技手段，打造富有时代特色的党员教育平台；加强党员教育管理队伍建设，不断提升党务工作者的综合素质和业务能力；强化考核评估机制，确保每一项工作都能落到实处、取得实效，定期开展党日活动（图2-10）。

（1）电气与信息工程学院学生党支部"三会一课"制度；
（2）电气与信息工程学院学生党支部党费收缴制度；
（3）电气与信息工程学院学生党支部党内帮扶制度；
（4）电气与信息工程学院学生党支部党员管理制度；
（5）电气与信息工程学院学生党支部党员联系群众制度；
（6）电气与信息工程学院学生党支部党员民主评议制度；
（7）电气与信息工程学院学生党支部党员组织生活制度；
（8）电气与信息工程学院学生党支部民主生活会制度；
（9）电气与信息工程学院学生支部党员定期谈心谈话制度；
（10）电气与信息工程学院学生支部广泛征求群众意见制度；
（11）电气与信息工程学院学生支部理论学习制度；
（12）电气与信息工程学院党支部委员职责；
（13）电气与信息工程学院党支部工作职责；
（14）电气与信息工程学院党支部书记工作职责；
（15）电气与信息工程学院党支部其他委员重要职责。

图2-9 电气与信息工程学院学生党支部管理制度

四、"党建+新实践"——双线融合

1. 依托志愿服务，构筑实践育人平台

围绕"五爱教育"工程和"党建+"育人建设目标，组织开展"美化社区环境，学习雷锋精神"主题实践活动、"志愿于心，服务于行"主题社会实践活动，"清明追思，缅怀先烈"实践活动、"学习贯彻二十大，智慧助老进社区"等活动。每年引领800余

名学生投身社会实践，了解国情民情、增长知识才干，通过社会实践亲身感悟中国式现代化的伟大实践，并在2023年"三下乡"社会实践团中荣获吉林省"优秀团队"称号。2023年支部党员志愿服务时长累计500小时。

图2-10　电气与信息工程学院学生党支部党日活动

2. 坚持"党建带团建"，建设特色支部

全体学生党员在专业学习上建立党员帮扶机制，全院106名党员帮扶160名学业困难学生。同时在学生工作、公益活动等方面为广大学生树立榜样，经常主动帮助、服务身边同学，扩大党的影响，树立党的形象，起到"发展一个，带动一片"的效果。党员明显较以前有了组织归属感，先锋模范带头作用也明显增强。

3. 线上提升、线下实践，"双线"融合

通过建立党员线上平台，比如，"电闪信动"微信公众平台、学习强国App、新时代 e 支部、微信群、QQ群等新媒体平台，从而帮助学生重新梳理党史党章、时事政治、党的二十大报告等重要内容，增强学生的爱国情感和民族自豪感。采用微党课、在线朗诵、线上读书等形式。

利用线上和线下联动模式，组织开展多种多样的志愿服务：开展"党建+社区志愿"新模式 、"展现文明新风，倾情服务民生"、"爱心涌动万家"、"志愿于心 ，服务于行"、"耀舞扬歌，乐动社区"、"田野青春，同心同行"（图2-11）、"走进社区　服务群众"（图2-12）等志愿服务活动，自愿扶贫帮困，与需要帮助的群众勤沟通，真正发挥党员的模范带头作用，用实践证明志愿服务意识的重要性。

五、"党建+创服务"——服务群众有力

1. 开展"暖心工程"，培养学生服务意识

在网上搭建交流平台，密切联系群众，及时了解、听取、回应师生意见和诉求，定

期组织学生党员积极开展服务、帮扶、慰问等活动。与街道社区紧密联系，开展"暖心工程"，走进养老院、老年社区等慰问孤寡老人，号召学生党员利用课余时间积极参与。

图2-11　电气与信息工程学院"田野青春，同心同行"志愿服务活动

图2-12　电气与信息工程学院"走进社区　服务群众"志愿服务活动

2. 树立服务典型，形成群体效应

选树典型并大力宣传优秀党员的社会服务事例，在学生党员争做先锋模范上积极发挥组织、协调、督促、引导作用。落实党建进宿舍服务工作，常态化了解师生困难诉

求，倾听师生意见建议，将师生有困难找支部、有问题找党员帮扶机制落实。开展"暖心工程"志愿服务活动（图2-13），走进儿童社区服务站（图2-14）等。引导学生党员学好专业理论知识，加大投入志愿服务培训力度，增强服务本领，科技服务社会。

图2-13　电气与信息工程学院开展"暖心工程"志愿服务活动

图2-14　电气与信息工程学院走进儿童社区服务站

第三章
"一人一特色"品牌培育

"一人一特色"品牌属于辅导员学生工作"四个一"品牌中的一部分，具体是指辅导员在开展工作时有自己独特的工作方法和工作重点，形成自己的工作特色。这种特色可以体现在学习规划与学习指导、心理健康教育与引导、职业生涯规划指导与就业服务、党团建设与资助服务等多个方面。"一人一特色"品牌的培育能够帮助辅导员更好地发挥自己的特长，结合"一院一品牌"项目的建设，可以为自己所带的学生提供个性化和针对性的教育指导。一名辅导员可以具备多种工作特色，促进学生全面发展的同时，有助于辅导员提高工作的满意度和成就感。

第一节
"一人一特色"品牌培育背景

为了深入贯彻《普通高等学校辅导员队伍建设规定》《关于加快构建高校思想政治工作体系的意见》等文件要求，全面落实全国高校思想政治工作会议、全国教育大会等会议精神，扎实推进全体学生政工干部队伍担当引领行动，积极营造争干事、干实事、干好事的良好氛围，充分发挥辅导员的主观能动性，增强工作的吸引力和感染力，在全校范围内开展"一个辅导员创建一个大学生思想政治教育特色活动"（简称"一人一特色"）。

一、总体思路

以习近平新时代中国特色社会主义思想为指导，全面贯彻党的教育方针，落实立德树人的根本任务，坚持立德明理、铸魂育人，以促进学工队伍干事创业、争先创优为导向，重点开展一系列凝聚"五爱"教育文化特色，思想政治教育效果显著，具有示范性和可持续性的大学生思想政治教育精品活动。

二、实施时间

2023年3月至2024年3月（一个周期）。4月15日上交特色活动方案，学工部组织评委，统一进行现场PPT答辩，评选出10个优秀的"一人一特色"活动进行资助。

三、参与人员

全校辅导员（包括副书记、学工办主任、辅导员、兼职辅导员、带学生的学团干部和公寓辅导员）。

四、活动内容

辅导员可结合工作实际和各专业特点，围绕所在院系"一院一品牌"内容，以"五爱"教育为主题，在学生党建、学风建设、校园文化、网络思政、心理健康教育、资助育人、实践育人、就业创业、公寓管理等方面开展"一人一特色"活动，也可以在原有特色活动基础上完善和创新"一人一特色"活动。

五、活动要求

1. 活动特色鲜明

开展活动要围绕立德树人的根本任务，贴近大学生思想、学习和生活实际，结合学院人才培养目标及学科特点，形成具有学院及个人专属特色的精品活动。

2. 育人功能较强

活动主题突出、目标明确，符合时代精神，具有良好的育人功能，通过精品活动创建，激发师生工作和学习热情，汇聚学院发展"正能量"。

3. 品牌效应突出

精品活动有针对性和实效性，能形成典型性经验、固定工作平台和长效工作机制，具有较强的品牌传播力，可示范、可引领、可辐射、可推广。

六、实施步骤

（1）确定精品活动主题。

（2）阐述活动背景。

（3）明确活动目标与意义。

（4）具体活动流程。

（5）活动实施的技术路线图。

（6）总结活动经验与启示。

七、相关要求

（1）加强领导，务求实效。各学院要高度重视，紧密结合本院"一院一品牌"活动开展"一人一特色"活动。选择活动创建方向，精心策划，有重点、有计划地开展特色活动。进一步加强提炼、提升内涵、强化特色、打造品牌。

（2）加强宣传，扩大影响。各学院要加大宣传力度，拓宽宣传信息渠道。对在开展"一人一特色"活动中好的做法和经验，要互相交流，大力培育典型，发挥引领示范作用。

（3）注重积累，形成成果。各学院要认真做好创建"一人一特色"活动过程中的活动策划、宣传报道、活动图片、视频资料、活动总结等相关材料的收集整理工作，及时总结推广好经验、好做法。

（4）加强考核，总结经验。"一人一特色"活动作为辅导员年度考核的一项重要内容，12月进行验收总结，评选出10个优秀活动进行经验汇报。

第二节
"一人一特色"品牌培育价值

每位辅导员在学术背景、工作经验和个人兴趣等方面都有所不同，这些差异使每位辅导员都拥有自己独特的专长和特色。通过实施"一人一特色"品牌培育，可以提供一个平台，让辅导员们能够充分展现并利用自己的个人优势和特长。辅导员通过实施"一人一特色"品牌，还可以为学生提供更加多元化、个性化的教育和指导，进而对学生的全面发展产生深远影响。

一、发挥辅导员个人优势

这种品牌培育方式鼓励辅导员们深入自己擅长的领域进行研究和探索。每个人都有自己的兴趣点和擅长的领域，而"一人一特色"品牌培育正是基于这样的理念，允许辅导员们选择自己热衷的课题或方向，进行深入的研究和实践。首先，这不仅有助于辅导员们在自己感兴趣的领域内不断挖掘新的知识和方法，还能提升他们的专业素养和实践能力。其次，"一人一特色"品牌培育有助于辅导员形成独特的工作方法和教育理念。在深入研究和探索的过程中，辅导员们会结合自己的实践经验，逐渐摸索出一套适合自己的工作方法和教育理念。这些方法和理念不仅能够提升辅导员的工作效率，还能为学生提供更加个性化、有针对性的教育和指导。此外，"一人一特色"品牌培育还能促进辅导员之间的交流和合作。每位辅导员都有自己的专长和特色，通过品牌的实施，可以相互学习和借鉴，共同进步。这种交流和合作不仅有助于提升辅导员队伍的整体素质，还能推动高校思想政治教育工作的创新和发展。

二、促进学生的全面发展

首先，"一人一特色"品牌的实施，有助于学生拓宽视野。每位辅导员的特色品牌都融入了他们的专业知识和独特见解，这为学生提供了一个了解不同领域、不同观点的机会。通过参与这些品牌，学生能够接触到更加广泛的信息和知识，从而拓宽自己的认知边界，对世界有更全面的了解。其次，这些特色品牌能够增强学生的综合素质。在参与品牌的过程中，学生不仅需要掌握相关知识，还需要运用批判性思维、团队协作、沟通技巧等多种能力。这些能力的锻炼有助于提升学生的综合素质，使他们在面对未来社会的挑战时能更加从容不迫。再次，特色品牌可以促进学生的全面发展。每位学生的需求和兴趣点都是独特的，辅导员通过设计贴近学生实际的特色品牌，能够更好地满足学生的个性化需求。这种针对性的教育和指导方式，有助于学生在自己感兴趣的领域内深入探索，从而实现全面发展。此外，特色品牌还能激发学生的学习兴趣和积极性。当学生发现所学内容与他们的兴趣或实际需求紧密相连时，他们的学习动力会大大增强。辅导员通过特色品牌，将枯燥的理论知识与实际应用相结合，让学生在实践中学习，在学习中实践，从而激发他们的学习兴趣和积极性。

三、提升思想政治教育的吸引力

传统的思想政治教育方式，如单纯的课堂讲授或理论灌输，往往因为其内容的抽象性和方式的单一性，难以激发学生的学习兴趣。这种情况下，学生可能会感到思想政治教育内容与他们的日常生活和实际需求脱节，从而导致学习效果不佳。而"一人一特色"品牌的实施，为思想政治教育注入了新的活力和元素。这一品牌鼓励辅导员将自己的专长和特色融入思想政治教育中，通过设计富有创意和趣味性的活动，使思想政治教育变得生动有趣。

例如，有的辅导员可能擅长艺术，他们可以通过绘画、音乐或舞蹈等形式，将抽象的政治理论或价值观念具象化，让学生在欣赏和参与艺术活动的过程中，潜移默化地接受思想政治教育。还有的辅导员可能精通科技，他们可以运用现代科技手段，如虚拟现实（VR）、增强现实（AR）等，为学生打造沉浸式的思想政治教育环境，让学生在互动体验中深化对思想政治知识的理解。

这种将思想政治教育与辅导员的特色活动相结合的方式，大大提升了学生的参与度和接受度。学生不再是被动的接受者，而是成为主动参与者，他们在参与活动的过程中，不仅能够感受到思想政治教育的内涵，还能体验到学习的乐趣。

四、推动辅导员专业化发展

"一人一特色"品牌对于辅导员的专业成长和职业发展具有深远的影响。这一品牌要求每位辅导员在自己的专长或感兴趣的领域内进行深入研究和实践，这不仅是一个挑战，更是一个难得的机会，有助于辅导员全面提升自己的专业素养和实践能力。

首先，深入研究某一领域能够加深辅导员对该领域的理解。在这一过程中，辅导员需要阅读大量的专业文献，参与相关的研讨会和培训，甚至可能需要进行实地调研。这些活动不仅能够扩充辅导员的知识储备，还能帮助他们形成更为系统和深入的专业认知。其次，实践是检验理论知识的最佳方式。在"一人一特色"品牌的推动下，辅导员需要将自己的理论知识应用到实际工作中，这不仅能够检验理论的正确性，还能帮助辅导员发现理论中的不足，并对其进行完善。通过实践，辅导员可以更加清晰地认识到自己的长处和短处，从而进行有针对性的提升。品牌的实施和经验的积累是一个持续学习和进步的过程。在这一过程中，辅导员会遇到各种挑战和问题，但正是这些挑战和问题，促使他们不断学习和探索，寻找最佳的解决方案。这种持续学习和进步的态度，是辅导员专业素养和实践能力提升的关键。最后，"一人一特色"品牌还有助于辅导员形成自己的教学风格和教育理念。在深入研究和实践的过程中，辅导员会逐渐摸索出一套适合自己的教学方法和手段，形成独特的教学风格。同时，他们也会对教育有更深入的理解，形成自己的教育理念，从而更好地指导学生，提升教育教学质量。

五、丰富校园文化生活

辅导员通过实施各具特色的品牌，能够为校园文化生活带来全新的活力和元素，这些品牌在多个层面都对营造丰富多彩的校园文化氛围起到关键作用。

首先，辅导员的特色品牌为校园文化活动提供了更多的选择性和多样性。传统的校园文化活动可能相对单一，难以满足学生多样化的兴趣和需求。而辅导员根据自己的专长和特色设计的品牌，能够为学生提供更加多元化的活动选择，如文化讲座、艺术展览、科技创新竞赛等，这些活动不仅丰富了校园文化的内容，也让学生有机会在不同的领域展示自己的才华。其次，这些特色品牌有助于学生更好地融入校园生活，增强他们的归属感和参与感。通过参与辅导员组织的各种活动，学生能够更加深入地了解校园文化，与同学们建立更紧密的联系，形成积极向上的团队精神。这种团队精神和校园文化的融合，有助于营造一个和谐、积极的校园氛围。辅导员的特色品牌还能够促进学生的全面发展。"一人一特色"品牌内容往往涵盖了知识、技能、情感态度等多个方面，学生在参与活动的过程中，不仅能够学到新的知识，还能培养他们的团队协作能力、创新思维和社会责任感。这种全面发展的教育理念，正是现代高等教育所追求的。

"一人一特色"品牌能够提升学校的品牌形象和社会影响力。当学校的校园文化活动丰富多彩、富有创意时，自然会吸引更多的社会关注和支持。这不仅有助于提升学校的知名度，还能为学校吸引更多的优秀学子。

综上所述，辅导员通过实施各具特色的品牌，为校园文化生活注入了新的活力和元素，这些品牌不仅丰富了学生的课余生活，还营造了一个积极向上、充满活力的校园文化氛围。这对于学生的全面发展、学校的品牌建设以及社会的认可度都具有重要的应用价值。

第三节
"一人一特色" 品牌培育现状

山东建筑大学建设辅导员精品品牌115项，评选优秀品牌26项。为展示辅导员工作的创新做法和典型成效，发挥示范引领作用，在全国高校思想政治工作网推出了优秀辅导员精品品牌系列展示。

理学院刘霞的特色品牌"高校主题班会课程化、系列化、规范化的实践研究"，针对"课程化""规范化""系列化"三个维度，完成了品牌的顶层设计，纵向贯通，横向联动，构建"1+X"班会体系，优化了课程的研发模式，使学生对班会活动满意度较高，突破了打造主题班会"金课"的重难点，梳理清楚了班会的内在逻辑性，使近年来经验性、理论性与实践性研究成果涌现。

计算机学院于志云的特色品牌"'E路同行'就业创业服务工作室建设"，针对未就业学生举办了"懂你所难、解你所忧"一对一就业咨询活动、计算机类专业应用毕业生专场供需见面会、与齐鲁人才网联合举办生涯规划探索活动等，构建了体系完整、流程规范、以信息技术为支撑的"12345"二级学院就业创业服务体系。

热能工程学院臧蓉蓉的特色品牌"红色基因融入思政教育第二课堂研究"，打造了一支优秀的师生宣讲团队，建设红色"微"党课、"微"团课，开展"探寻身边红色文化"主题系列党日活动、"青春向党 奋斗强国"等主题系列团日活动，组织学生参观延安革命根据地等红色基地，在延安、滕州国防教育基地建立大学生劳动教育基地，在枣庄退役军人事务局建立党团教育基地。打造红色微课，在学院微信平台开设"党史我来讲""百名青年颂百年"等栏目，提升了红色文化理论研究水平，为学生搭建了红色教育实践平台，提供了多种实践锻炼的机会。

材料科学与工程学院张姿的特色品牌"'123'沉浸式心理健康教育工作法"，通过数据分析摸清一条本学院学生心理发展规律，以网络化管理推进"学院—班级—宿舍"三级心理育人网络体系，完善班级心理委员、宿舍心情联络员两支朋辈辅导队伍，依托活动载体、网络载体、研究载体三大载体，深化优质供给，提升学生心理品质，达到了良好的育人效果。

管理工程学院王颖的特色品牌"以'周五行动'为抓手，构建'管理人生'校友育人模式"，通过"周五行动"每周走访一位校友，了解校友的在校经历和成长历史，邀请其通过论坛讲坛、文化活动、奖助学金、科技竞赛等形式，从思想引领、实习实践技能提升、文化熏陶等方面，将学院"管理人生"的精神和传统进行传承，引导学生们合理规划校园生活，科学管理未来人生。

理学院毕研俊的特色品牌"学生党员'积分制'教育管理机制构建"，旨在进行学生党员"积分制"教育管理探索实践，实现学生党员过程化管理和全面考核评价。通过实施学生党员"引领工程"，打造全覆盖的实践锻炼平台，促进学生党员先锋模范作用的充分发挥，推动学生支部党建工作的高质量开展。

吉林工程技术师范学院艺术与设计学院包洪亮的特色品牌"多措并举心理育人、助力学生健康成长"，通过心理月报评选、心理案例征集、举办心理沙龙、每周开展心理班会、健全心理约谈流程、定期举办心理讲座、建立家校联系制度引导大学生发挥能动性和自我调节的作用，培育积极的心理品质，培养健康完善的人格，促进学生潜在能力的开发，最终目标是达到自我实现和奉献社会的和谐统一。

生物与食品工程学院车驰的特色品牌"探索师生协同模式下学风建设新途径"，通过教育教学联动增强"导"学、家校联动促进"督"学、朋辈联动促进"伴"学，切实解决学生在学习中遇到的困难。

新闻与出版学院刘家伸的特色品牌"协同视域下就业创业育人路径研究"，通过开展"就业创业我先行"政策宣讲活动、"建功立业新时代"思想政治教育活动、六大分支活动，不断创新就业创业教育形式，学科建设取得新成效，专业知名度不断提高。

教育科学学院刘松健的特色品牌"高校基层团组织美育素质建设"，进行需求调研，建立美育资源共享机制，进行美育素质培训，开展多元化美育活动，对美育活动的效果进行评估和反馈，增强学院的文化底蕴和综合实力。

数据科学与人工智能学院马帅的特色品牌"'五位一体'模式下大学生爱校情怀的探索与实践"，通过打造家之"居"、构建家之"序"、传承家之"学"、创新家之"教"、担当家之"责"，将中国传统"家"文化融入日常思想政治工作中来培育大学生的"爱校情怀"。

国际教育学院木塔力普的特色品牌"'五爱教育'背景下我校大学生爱校教育工作的探析"，通过开展"校史志愿讲解员"主题活动、"追忆学校光辉史"学习交流活动、"校训伴我行"主题征文活动、"红色校园一角"文艺作品征集活动、"突出贡献教师传记"编写活动、"爱在校草木知"宣传活动、"唱爱校之歌，抒爱校情怀"校歌比拼大赛、"最美工师人"评选宣传活动、"最美校园"摄影展览宣传活动、"薪火接力赛"主题活动、"校园环保"卫生实践活动、荣校系列主题实践活动，加强大学生的爱校教育，培养学生感恩励志成才的优良品德。

经济与管理学院王一名的特色品牌"中华好家风融入思想政治教育一体化建设活动方案"，通过社团活动晒家风（让优秀家风家喻户晓）、课程理论学家风（让优秀家风内化于心）、家庭学校践家风（让优秀家风外化于行），有效引导了学生们从优秀家风家训中汲取培育道德的养分，也会用实际行动践行优秀的家风家训。

电气与信息工程学院杨孟雪的特色品牌"品牌式心理班会在'00后'大学生班级建设中的实践与探索"，成立了心理班会管理制度和管理委员会，构建了高校心理班会的新模式。

机械与车辆工程学院于子原的特色品牌"'三全育人'视域下'一站式'学生组织育人模式研究"，抓实理想信念教育，举信仰之旗（全体学生）、抓实思想道德教育，强文明之魂（入党申请人）、抓实意识形态教育，织安全之网（入党积极分子、发展对象、"青马工程"学员）、抓实劳动实践教育，树实干之风（学生党员），结合学院特色品牌"一站式"学生社区综合管理模式，充分发挥其组织优势、管理优势，强化大数据精准赋能大学生日常思想政治教育工作，深入探索高等教育普及化背景下提升高校治理体系和治理能力现代化的新方法、新路径，努力把党建工作延伸到学生社区，深化红色文化资源对大学生思想政治教育工作的融合要求，全员、全过程、全方位提升组织育人效能。

电气与信息工程学院张东的特色品牌"党建+创服务，打造党员先锋引领工程"，通过打造"信息流通先锋岗""主题教育先锋岗""党团团结先锋岗""贴近生活先锋岗"四项举措，注重发挥学生党员先锋模范作用，增强学生党员身份意识和责任意识。致力于服务群众，提升党员贡献度，不断创新工作模式。

吉林工程技术师范学院辅导员"一人一特色"品牌共40项，择优评选优秀品牌10项，当前已完成一个周期的品牌验收工作，产生了多个典型案例和经典做法，为其他高校辅导员工作提供了有效借鉴。

第四节
"一人一特色"品牌培育目标

"一人一特色"品牌培育的目标与学生工作"四个一"品牌培育的总体目标一致，都是通过打造成功的品牌项目来凸显学校独特的教育理念和办学特色，发挥示范效应，为其他高校辅导员提供工作上的借鉴，打开工作思路，探索创新性的思想政治教育方式，总结自身在开展大学生思想政治教育工作过程中遇到的问题，思考摸索解决问题的方法。

一、实现提升辅导员专业素养目标

通过"一人一特色"品牌的培育，能够实现提升辅导员专业素养目标。辅导员对各自的研究领域进行深入研究，有助于形成自己的独特风格，深化研究能够让辅导员更加专注于自己擅长的领域，无论是心理健康教育、职业规划指导，还是学生事务管理等，通过持续的研究和实践，辅导员可以逐渐摸索出适合自己的工作方法和策略，形成独特的专业特色，这种特色不仅使辅导员在工作中更加得心应手，还能提高他们的工作效率和满意度。独特的风格不仅能够提升辅导员的职业魅力，还能增强与学生的互动和沟通效果。

在提高辅导员的理论水平方面，"一人一特色"品牌能够推动辅导员不断学习新的理论知识和研究成果。通过参加专业培训、研讨会等活动，辅导员可以不断更新自己的知识体系，提升对教育规律和学生发展特点的理解。提升辅导员实践能力也是"一人一特色"品牌的重要目标之一。通过参与实际工作品牌，辅导员可以锻炼自己的实践能力，学会如何将理论知识运用到实际工作中。这种能力的提升将使辅导员在面对各种复杂情况时更加从容，为学生提供更优质的服务。

二、实现辅导员个性化发展目标

通过"一人一特色"品牌的培育，能够实现辅导员个性化发展目标。参与"一人一特色"品牌使每位辅导员都认识到自己是独一无二的个体，他们各自都拥有独特的工作方法和教育理念。每个品牌的核心目标就是发掘并精心培育这些特色，使辅导员的工作能够呈现出更加鲜明的个性化和创新性。在日常的学生工作中，辅导员会根据自己的经验、知识和价值观来处理问题，有的辅导员更擅长通过心理咨询来帮助学生解决心理困扰，有的则更注重通过实践活动来提升学生的社会实践能力。"一人一特色"品牌就是要发现并强化这些独特的优势，使辅导员能够在各自的专长领域内发挥最大的作用。

通过特色品牌的培育，辅导员不仅能够更加明确自己在工作中的定位，还能更清晰地认识到自己的价值所在。当辅导员看到自己的工作方法和教育理念得到认可和强化，他们的职业认同感和满足感也会随之增强。这种认同感不仅来自外部的肯定，更来自辅导员内心深处对自己工作的热爱和自豪。"一人一特色"品牌能够激发辅导员的创新精神，在发掘和培育特色的过程中，辅导员需要不断地反思、总结和创新，以寻找更适合自己的工作方法和活动方式。这种创新精神不仅能够推动辅导员个人的专业成长，还能够为整个学生工作带来新的活力和思路。

三、实现形成可推广的先进经验目标

通过"一人一特色"品牌的培育，能够形成可推广的先进经验。"一人一特色"品牌的设计和实施，不仅着眼于辅导员个体的专业发展和特色形成，更重要的是，它致力于将每位辅导员的特色经验进行总结、提炼，并最终转化为具有普遍适用性、可复制和可推广的先进工作模式和方法。这一过程中，品牌组成员会与辅导员紧密合作，深入观察和记录工作实践，尤其是那些具有创新性和实效性的做法。通过专业的分析和提炼，将这些实践经验转化为标准化的工作流程、操作指南或教育策略，使其能够被其他辅导员轻松理解和应用，有助于提升辅导员工作的整体效率和效果。当其他辅导员能够借鉴和应用这些先进的工作模式和方法时，就能更快地适应工作环境，更有效地解决学生面临的问题，从而提升整体的工作质量。这一过程也有助于推动辅导员队伍的专业化、职业化发展。通过不断地学习和应用这些先进经验，辅导员们能够逐渐形成一套共同的专业语言和工作理念，增强彼此之间的沟通和协作。这不仅有利于提升辅导员队伍的整体形象和社会认可度，还能为辅导员们的职业发展铺平道路，使他们能够更加自信、从容地面对工作中的各种挑战。这些先进经验的传播和应用还具有重要的示范和引领作用。当其他教育机构和领域的从业者看到这些成功的案例和模式时，他们也可能会受到启发，进而在自己的工作中尝试创新和改进。这种跨领域的交流和影响，有助于推动整个教育行业的持续进步和发展。

第五节
"一人一特色"品牌培育内容

"一人一特色"品牌建设将大学生思想政治教育融入辅导员个人开展的系列品牌活动中，围绕道德品质教育、心理健康教育、学业规划与指导、职业规划与指导、党团建设、安全稳定、资助服务等内容开展品牌设计。

一、"一人一特色"品牌培育坚持的原则

1. 政治性与实效性相统一原则

辅导员主要从事大学生思想政治教育工作，这要求辅导员工作必须站在国家与社会发展的高度，全面深刻理解高等教育的历史、现实及发展趋势。在"一人一特色"品牌的选题、条件准备、培育过程中，要将政治性作为导向，品牌的观点、内容、培育路径要与党和国家的大政方针保持一致。品牌的实施必须有明确的目标和预期效果，品牌的成果具有可衡量性，品牌的设计必须紧密结合学生的实际情况，确保品牌内容贴近学生、贴近生活、贴近实际。根据品牌实施的反馈和效果评估，及时调整品牌内容与方式，注重"一人一特色"的实效性，坚持两者相统一是培育好"一人一特色"品牌的首要前提。

2. 继承性与创新性相统一原则

党和国家高度重视辅导员队伍的建设与发展，颁布了多条国家政策制度文件，为辅导员的工作指明了方向，近年来，辅导员工作及辅导员队伍建设工作成果硕果累累，打造了系列辅导员精品特色品牌，"一人一特色"品牌的培育应继承前期丰富的经验，运用好党和国家颁布的各项制度，在继承优秀成果的基础上进行创新，尤其在思想政治教育理论、内容、方式、路径上寻求创新，坚持二者相统一是培育好"一人一特色"品牌的基础条件。

3. 理论性与实践性相统一原则

要培育出有影响力、育人效果显著的"一人一特色"品牌，需要辅导员具备扎实的基础和理论功底，这包括马克思主义理论、教育学、社会学、法学、管理学等多种学科理论基础。在理论的指导下，注重实践经验的总结与运用。通过"一人一特色"品牌的开展，不断解决学生工作中遇到的矛盾和问题，在解决问题的过程中总结经验和方法，再将总结出的经验方法继续运用到实际工作中，经过反复论证，最终打造出具有育人效果的个人品牌，坚持二者相统一是培育好"一人一特色"品牌的重要基石。

二、结合"一院一品牌"品牌培育内容

吉林工程技术师范学院"一院一品牌"主要围绕"五爱"育人工程开展系列活动，打造二级学院优秀品牌，而"一人一特色"品牌主要是各学院辅导员在"一院一品牌"的基础之上开展特色鲜明、思政教育效果显著，具有示范性和可持续性的大学生思想政治教育精品活动。

"一人一特色"品牌的培育应实现科学化，在具体规划的过程中，辅导员要结合学生工作实际，创新品牌培育方式，运用思想政治教育学方法、管理学方法、教育学方法、心理学方法、现代新媒体技术等，多角度、全方位统筹规划"一人一特色"品牌，打造出学生喜闻乐见的精品品牌活动，拓宽品牌培育的范围领域，构建完善的品牌培育机制，加强与其他院校、其他辅导员的交流学习。

【优秀案例一】

"三全育人"视域下"一站式"学生组织育人模式研究
机械与车辆工程学院　于老师

一、活动简介

基于学院"一院一品牌"特色品牌，围绕"一站式"学生社区实行"党建+特色活动"的组织育人模式，开展"抓实理想信念教育，举信仰之旗""抓实思想道德教育，强文明之魂""抓实意识形态教育，织安全之网""抓实劳动实践教育，树实干之风"四

个抓实主旨内容，结合"三全育人"开展全员、全过程、全方位育人要求，积极拓展学生党建和思政教育工作的辐射范围，把党建引领、组织育人的阵地拓展延伸到学生社区，让党旗在学生社区高高飘扬，把学生社区打造成"三全育人"的新阵地。

二、活动创建方案

（一）活动主题

党建引领思想，组织培育新人

（二）活动背景

1. 理论背景

2020年4月，教育部等八部门联合颁布的《关于加快构建高校思想政治工作体系的意见》提出，要推动"一站式"学生社区建设。依托宿舍等学生生活园区，探索学生组织形式、管理模式、服务机制改革，推进党团组织、管理部门、服务单位等进驻园区开展工作，把校院领导力量、管理力量、服务力量、思政力量压到教育管理服务学生一线，将园区打造成为集学生思想教育、师生交流、文化活动、生活服务于一体的教育生活园地。

习近平总书记在党的二十大报告中指出，办好人民满意的教育，"全面贯彻党的教育方针，落实立德树人根本任务，培养德智体美劳全面发展的社会主义建设者和接班人"。实施"一站式"学生社区综合管理模式建设，是深入贯彻习近平总书记关于教育的重要论述，适应新形势、新情况，加强高校党的建设和思想政治工作的重要体制机制创新。

2. 实践背景

"一站式"学生社区日渐成为学生交流互动最经常、最稳定的场所，也是课堂之外的重要教育阵地。不断强化"以学生为中心"的办学治校理念，将育人力量下沉到学生社区，以学生需求为导向，推动领导干部、专家学者、辅导员等走到学生当中，打通育人"最后一公里"，建设"三全育人"实践园地，形成"人在一线、心在一线、思在一线、干在一线"的工作格局，全面助力学生成长成才。

（三）活动目标与意义

1. 活动目标

为深入学习贯彻习近平新时代中国特色社会主义思想和习近平总书记关于教育的重要论述，坚持把牢方向与遵循规律相结合、坚持系统设计与重点突破相结合、坚持以人为本与从严管理相结合，不断深化"新时代党建引领"的思想认识，不断优化"三全育人"的资源、队伍和特色，打造满足学生思政教育、事务办理、学业指导、心理帮扶和生活服务的线上线下服务平台。

通过推进"一站式"学生社区综合管理模式建设，用"浸润式教育"将学生党建和思想政治工作做到"家"，打通育人"最后一公里"。通过党建活动的开展不断塑造、鼓舞和激励学生，使学生树立正确的生活观、人生观和价值观，并将立德树人作为育人之源、发展之根和教育之本，着力构建"三全育人"工作体系，将综合改革实践落到实处，不断提升新时代高校复合型人才培养的精准度、方向感和实效性，真正肩负起培养时代新人的神圣使命。

2. 活动意义

高校学生社区不仅是生活场域，还是教育文化场域，是加强党建引领、落实新时代思想政治工作创新实践的重要平台和抓手。以党建引领带动多维共育，强化思政、专业、通识、课外教育的有效衔接，搭建服务学生成长的多元平台，形成空间、主体、教育的融合，从而实现"五育"融合，培养德智体美劳全面发展的社会主义建设者和接班人。"一站式"学生社区建设以学生的共商共建和参与治理为基础，不仅满足学生所需的教学服务、学生事务、服务保障等与学生息息相关的需求，而且在服务学生和服务社会中增强他们的社会责任感和主人翁精神，培养和提高学生"自我管理、自我教育、自我服务"的能力和本领。

（四）具体活动方案

大数据时代下加强社会主义意识形态建设，需要我们深度挖掘新时代党建创新亮点，以党的坚强领导推进高校"一站式"学生社区建设，从而加强对当代大学生的思想引领，巩固马克思主义在意识形态领域的根本指导地位。坚持以习近平新时代中国特色社会主义思想为指导，加强党建引领，有利于基层党组织工作有序开展，发挥支部组织育人优势，推动"一站式"学生社区党建工作的开展。

围绕"一站式"学生社区党建工作开展主题教育系列活动，贯彻"德才兼备、家国情怀、视野开阔、爱体育、懂艺术、能力发展性强"的人才培养理念，落实"党建引领思想，青春筑梦成才"活动主题。具体活动安排如下：

1. 抓实理想信念教育，举信仰之旗（全体学生）

（1）开展"重温红色经典，弘扬革命精神"主题读书分享会。为了弘扬革命精神，引导学生深入领悟无数无产阶级英雄革命精神，开展"重温红色经典，弘扬革命精神"主题读书分享会。引导学生参与诵读，广泛了解民族文化，弘扬民族精神，增进学生的爱国主义情感，提高学生语言文字应用水平，促进学生的人生价值观，培养学生良好的习惯。

（2）开展"读红色经典，为梦想发声"红色故事音频征集活动。通过开展阅读红色经典书籍活动，营造读书氛围，大力宣传红色精神。鼓励学生学习党史相关理论知识，坚定理想信念，加强党性修养，提升精神境界，组织开展"读红色经典，为梦想发声"红色故事音频征集活动。

2. 抓实思想道德教育，强文明之魂（入党申请人）

（1）开展"我来讲党课"支部进宿舍活动。为激活组织育人全覆盖教育，将开展以学生入党申请人为主体，引导全体学生原原本本学、认认真真悟，围绕"学习党的二十大精神"开展专题教育活动。各年级、各班级以寝室为单位，全体学生支部党员深入学生宿舍进行宣讲，从谈认识、谈体会、谈打算等方面制定措施，明确立学立行、立学立改的优良作风，全面提升思想水平。

（2）举办"学党史　强信念　跟党走"主题演讲比赛。为了弘扬伟大建党精神，走好新的赶考之路，充分运用红色资源，教育引导广大青年坚定理想信念、筑牢初心使命，不断增强斗争精神、提高斗争本领，做到在复杂形势面前不迷航、在艰巨斗争面前不退缩，引导广大青年学习四史，将以"学党史　强信念　跟党走"为主题开展演讲比赛。

3. 抓实意识形态教育，织安全之网（入党积极分子、发展对象、"青马"工程学员）

（1）开展"守纪律　讲规矩"主题教育活动。严明的纪律是我们党独有的优势，是保持和巩固党同人民群众血肉联系的基本条件，守纪律是增强党性和改进作风的坚强保障。对每一位领导干部来说，严守"铁的纪律"是最基本要求，我们要把严守纪律贯穿于履行职责的全过程，使其真正内化于心、外化于行，将开展"守纪律　讲规矩"主题教育活动，将规章制度的主旨责任落实到每一位同学心中。

（2）举办学习党的二十大理论知识竞赛活动。通过开展学习二十大知识竞赛的活动，加强贯彻党的二十大精神，勉励青年同志要牢记习近平总书记嘱托，坚定理想信念，筑牢精神之基，厚植爱国情怀，矢志不渝跟党走，以实现中华民族伟大复兴为己任。活动旨在培养广大青年怀抱梦想又脚踏实地，敢想敢为又善作善成的精神，全面深入了解党的二十大及相关知识。

4. 抓实劳动实践教育，树实干之风（学生党员）

（1）"党在我心中，服务见行动"宿舍清扫主题活动。为进一步推进学生思想政治教育工作进公寓，提高党员的责任意识与服务意识，充分发挥学生党员、学生干部在寝室管理方面的模范带头作用，开展"党在我心中，服务见行动"宿舍清扫主题活动，深刻理解实践教育引导作用。

（2）开展"根植美丽沃土　助力乡村振兴"专题调研活动。产业兴旺是乡村振兴的重要基础，产业兴则乡村兴，乡村兴则国家兴。为此，需立足当地特点发展特色产业，借助校内外地方资源、环境和政策优势，为了让学生深刻认识农村发展对乡村振兴的重要意义，将开展"根植美丽沃土　助力乡村振兴"专题调研活动，通过实地走访调研，拓宽视野，践行实践精神。

5. 活动实施的技术路线图（图3-1）

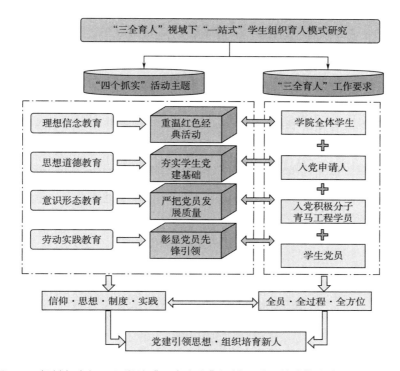

图3-1 机械与车辆工程学院"三全育人"视域下"一站式"学生组织育人模式

6. 特色与创新

第一，研究内容创新。本活动基于学院"一院一品牌"特色品牌，围绕"一站式"学生社区打造党建特色活动，以学生社区为载体，以主题活动为途径，以思想引领为目标，不断夯实学生思想教育水平，从思想、信仰、制度、实践四个方面，围绕"四个抓实"主旨活动，通过红色主题活动，发挥组织育人新模式。

第二，研究视角创新。把握"四个抓实"活动主旨，突出构建理想信念、思想道德、意识形态、劳动实践四个重要方面，结合"三全育人"具体要求，从学院全体学生、入党申请人、积极分子、"青马"工程学员、发展对象、学生党员等组织发展对象全过程入手，全方位创新组织育人新模式，通过组织育人活动开拓组织育人新路径。

7. 保障措施

（1）校园实践的引领沁润作用。将党旗、党徽等党建元素有机融合，进行视觉、理念、行为的一体建设，学院在机械楼打造红色文化长廊、设置党员标兵文化墙，将红色文化融入校园文化建设，为学生提供集多功能于一体的沉浸式教育环境，构建起多主体、多载体、多阶段、多形式的课程思政教育文化阵地，提升德育工作的感召力。

（2）学校、学院领导高度重视。加强和改进大学生党建工作，是高校立德树人事业的迫切需要，高校党组织必须积极探索和建立质量保障体系，按照"控制总量、优化结构、提高质量、发挥作用”的总要求，着力建设一支信念坚定、素质优良、作用突出的大学生党员队伍，以适应新时期党的建设和社会发展的需要。

（3）学校资金支持，设立建设专项经费，保证"党建+特色主题活动"品牌建设的长期稳定运行。推动组织育人力量高频度融入学生日常学习生活的第一线，为学生提供更好的成长生态、更优的教育资源、更强的支撑服务。

8. 总结经验与启示

机械与车辆工程学院将积极推广"一站式"学生社区综合管理模式，充分发挥其组织优势、管理优势，强化大数据精准赋能大学生日常思想政治教育工作，深入探索高等教育普及化背景下，提升高校治理体系和治理能力现代化的新方法、新路径，努力把党建工作延伸到学生社区，深化红色文化资源对大学生思想政治教育工作的融合要求，全员、全过程、全方位提升组织育人效能。

【优秀案例二】

"党建+创服务"，打造党员先锋引领工程
电气与信息工程学院　张老师

一、活动简介

结合学院专业特点和思想特点，经过多年的理论研究和实践创新，通过打造"信息流通先锋岗""主题教育先锋岗""党团团结先锋岗""贴近生活先锋岗"四项举措，注重发挥学生党员先锋模范作用，增强学生党员身份意识和责任意识。致力于服务群众，提升党员贡献度，不断创新工作模式。

二、活动创建方案

（一）活动主题

强党建，促服务

（二）活动背景

电气与信息工程学院学生党支部秉持以学生为本，以德育为主导的工作理念，大力创新"党建+促服务"工作机制，打造"党建+促服务"特色品牌，树立了新时代学生党支部建设工作"风向标"。以"信息流通先锋岗""主题教育先锋岗""党团团结先锋岗""贴近生活先锋岗"四项举措为抓手，丰富党建活动载体，筑牢学习型阵地，突显党支部政治思想引领作用。始终坚持特色融合，创建"特色、融合、有效"的党建工作品牌的特色引领发展机制。切实发挥党支部主体作用，以党支部为基本单位，形成学生党建工作常态化、长效化机制。

（三）活动目标与意义

开展党员先锋引领工程，一是进一步强化党员实践能力，帮扶青年学生了解党的初

心使命，带动青年学生热爱祖国、热爱奉献，发挥先锋示范、中流砥柱的作用。二是引领实践服务，构建育人环境。通过党建和实践服务活动，不断增强学生党员家国情怀、社会责任和担当精神，不断提高创新能力和实践能力。

（四）创新与特色

一是服务内容的创新。要将学生的学习、生活、社会实践、就业指导等统一起来，将重点服务内容呈现给学生，给学生提供最需要的服务。要进一步拓宽服务内容，对学生在校期间或在外期间遇到的问题和困难，要给予及时的帮助，提供必要的服务，帮助学生解决困难，提升其适应社会的能力。二是服务载体的创新。进一步发挥互联网的优势，注重运用社会资源，充分利用广大学生的兴趣爱好，建设专业的党建网络平台，更好地推动学生党员的党建学习。

（五）申报基础

电气与信息工程学院学生党支部为秉持以学生为本、以德育为主导的工作理念，完善学院集体领导、党政分工合作，协调运转的工作机制，重点实施教育党员、管理党员、监督党员并提出相应对策。为强化学院党组织规范化建设，提升党建水平，规范"三会一课"，支部推出了《关于认真贯彻落实党支部三会一课制度通知》，突出政治学习和教育，突出党性锻炼，防止了表面化、形式化、娱乐化和庸俗化。支部民主评议党员制度实施以后，学院党建工作更加标准，支部的学习教育、批评与自我批评、民主评议等好的做法真正在学生支部做起来。

（六）具体活动流程

1. 打造"信息流通先锋岗"

（1）构建党建信息大平台，开拓学生支部党建工作新阵地。

一是巧用智慧党建平台。利用"新时代吉林党支部标准体系（BTX）建设"、微信公众号"电闪信动"、微博、论坛、QQ群等平台，打造新时代贯彻落实习近平总书记关于加强读书学习、建设学习大国重要指示精神的便捷、快速、灵活的有效载体。二是在选取教育内容上，紧扣现阶段学习主题。设立信息发布、沟通交流、在线学习、网络投票、音视频播放、实施考勤、考核评议、专题讨论、舆论引导以及属性分析等板块，成为传播主流价值观、宣传党的理论、加强党建的有力阵地。新平台的应用调动了广大学生的参与度，充分发挥学生骨干带头作用，大大提高了学生管理工作和党建工作的有效性和覆盖面，促进了高校学生工作管理和服务水平的提高。

（2）智慧党建平台建设与学风建设相结合，把立德树人作为根本任务。

一是建立"三扶"措施。借助智慧党建平台深入推进学风建设工作，采取从学习上"扶业"、思想上"扶志"、能力上"扶智"等方式，将学业预警同学纳入平台组织树，分配"一对一"帮扶责任人，发动学生党员对学业预警同学进行线上线下的学习监督和学业帮扶。二是开展"三进"活动。党员进宿舍、进班级、进社团。关注学业上、生活上有困难的学生的思想动态，从各个方面帮助他们走出困境，顺利完成学业。党员们"面对面"沟通，"心贴心"服务，使旷课、迟到早退、不按时按规定完成作业、作息不规律、沉迷网络等现象越来越少。

2. 打造"主题教育先锋岗"

（1）开展形式灵活多样，内容丰富多彩的主题党日活动。

一是活动形式多样化。带领全院开展"政治引领，党课先行"活动、"全国大学生党史知识竞答大赛""悼念袁隆平院士"、去米沙子养老院进行"三下乡"党日活动、读书汇报会、专题读书班、交流研讨等活动。二是活动内容具体化。学生通过研读《习近平的七年知青岁月》《平易近人——习近平的语言力量》《习近平讲故事》《建军大业》等书籍，将各自的学习收获和心得体会以生动鲜活的节目形式进行交流；开展"学党史知识，迎建党百年""一起向未来，冬奥知识赛""以微力量，汇大能量""疫情防控，争当先锋"等灵活多样的党建活动加强党支部建设。

（2）认真贯彻落实主题教育。

一是加强党员教育，注重政治建设。组织观看红色电影《金刚川》《榜样6》《中国医生》，通过观看红色影片，学生干部们纷纷表示心灵受到强烈的震撼，被革命先辈无私奉献、勇于牺牲的革命精神感动，进一步坚定了理想信念，在今后的工作学习中，将继承和发扬革命精神、优良作风，做到学史明理、学史增信、学史崇德、学史力行。二是搭建沟通桥梁，加强党员教育。支部书记不定期开展沟通交流，关注学生思想动态。在发展党员过程中进行谈话；在党员遇到各种困难时进行谈话，并及时给予帮助。定期组织党员及积极分子到革命纪念博物馆、劳工纪念馆等地进行实地爱国主义教育和到扶贫点下乡劳动走访等，进一步深化主题教育。

3. 打造"党团团结先锋岗"

发挥党员的凝聚力和战斗堡垒作用，推动社团成员的共同成长、和谐发展，引导社团成员主动向党组织靠拢。积极探索实践党建工作进社团，将学生党支部建设与机器人协会等学生社团建设有机结合，把学生党员在社团活动中的教育作为学生党支部教育的延伸和补充，策划组织以机器人协会为依托的社团常态化小家电义务维修、电子科技知识培训、"三下乡"暑期社会实践等服务活动，为学生党员提供更多的实践锻炼机会，让学生在实践锻炼中不断成长，培养其服务群众、服务社会的良好意识。在培训活动中，优秀党员不断涌现，这对广大同学特别是学生干部骨干起到了潜移默化的作用，极大地增强了党支部先进性的影响力。

4. 打造"贴近生活先锋岗"

一是打造寝室服务"先锋服务"岗。开展系列"党员先锋"特色活动，充分发挥基层党组织的服务作用，以党员带领实行三级管理措施：寝室长—楼层长—楼长。层层递进，保证了工作的正确性和效率性。做好工作值班表，严格按照值班表，确保当学生有需要时能及时进行帮扶；工作党员协助楼长、协助老师来维护学校的学习和生活秩序；积极帮助解决群众困难，进行一对一服务，增强同学对党的信心，对党员的信任；协助做好入党积极分子、培养对象在公寓里的培养考察工作。二是设立"党员工作组"。及时了解、听取普通学生的意见和诉求，从学业帮扶、科研指导、就业咨询、心理疏导等方面，党员按照立项式任务组成团队，将解决思想问题和解决实际问题相结合，为学生的学习、生活、成长助力。

（七）活动实施的技术路线图

1. 思想提升，打造学习型党组织

抓理论强素质，筑牢思想阵地，丰富党建活动载体，系统化学习教育，让党员理论学习逐渐形成体系。

2. 强化制度，建设规范型支部

完成规范化组织管理、数据化监督考评，创新形式助推民主评议党员制度有效实施。推动党建与立德树人工作相互结合、有机融入，突显党支部政治思想引领作用。

3. 打造岗位，推进先锋服务工作

以思想政治教育为着力点，发挥党员先锋模范作用，带动青年学生热爱祖国、热爱奉献、热爱生命，深化青年学生思想认识。

（八）保障措施

1. 配套政策

依托《中国共产党支部工作条例（试行）》，电气与信息工程学院学生第一支部学习制度，"三会一课"制度，主题党日、组织生活会、民主评议会、谈心谈话、按期缴纳党费等基本制度，利用"e支部"、电闪信动、党统筹党建工作平台加强对党员各方面的统一管理的同时继续加强"党建+"工作制度落实。实行党建工作与学生工作同布置、同调度、同落实。丰富党建工作内容、活化形式载体，推动学生党支部政策从"有形覆盖"向"有效覆盖"转变。

2. 资源投入

做好党支部书记培养培训及支委班子建设工作，建立后备人才长效培养机制。大力实施"阵地保障工程"，进一步加强党员公寓工作建设，为支部志愿服务品牌工作提供平台，为"先锋服务岗"建设提供全面保障。加强党建信息化网络化平台等条件建设，进一步加强智慧党建建设。

3. 软硬件设施

党支部工作有计划、有目标、有措施、有落实、有检查、有考核。完善工作痕迹资料管理制度，文档类、名册类、记录类、党建活动资料类，做好记录工作。党支部活动室基础设施完善，悬挂党旗、工作桌椅、电教设备、制度职责、学习资料、学习园地、公开栏等。

4. 经费支持

学校党委留存党费按比例拨付学院党委、党支部使用；明确核定党支部工作和活动经费标准并列入年度党建经费预算。学校在原有拨付党建经费、党费的基础上，给以一定的经费支持。

（九）总结活动经验与启示

1. 把服务学生生活学习摆在首位

在学生支部建设中，要坚持务实精神，坚守理想信念，真正做到为学生办实事、办好事。不仅要重视学生生活学习中物质方面的服务，还应重视精神层面的帮助。借助各种渠道加深对学生的了解，尤其是学生生活学习中的真实需求，进而使服务落实到学生的实际需求上，把学生管理服务工作落到实处，使学生党支部真正成为学生成长的引路人。

2. 强化党员示范引领

教育引导支部党员在学习、工作和生活中亮出党员身份，立起先进标尺，树立先锋形象。通过制定定期的党员服务满意度测评调研，进行数据化考评优秀党员，定期开展组织生活会，加强批评与自我批评，反思工作不足，改进完善存在问题。

【优秀案例三】

品牌式心理班会在"00后"大学生班级建设中的实践与探索

电气与信息工程学院　杨老师

一、活动简介

大学生主题心理班会作为高校心理健康推广较为基础和有效的教育形式，作为班级建设的强有力阵地，由于其覆盖面广、实施度高、延展性宽、导向性强，不仅是辅导员对班级心理健康管理的重要形式，更是进行大学生心理健康教育的主阵地，是促进大学生心理健康教育有效的抓手，也是积极开展班级建设，促进大学生思想政治教育的有益助手。围绕"00后"学生心理健康需求，借助品牌式心理班会平台，运用多种方式，促进"00后"心理健康水平提升，推动班级建设。

二、活动创建方案

（一）活动主题

开展"品牌式"主题班会　促进学生心理健康成长

（二）活动背景

习近平总书记在全国高校思想政治工作会上，强调要培育理想平和的健康心态，加强人文关怀和心理疏导。在党的十九大报告中，习近平总书记明确提出要"加强社会心理服务体系建设，培育自尊自信、理性平和、积极向上的社会心态"。高校思想政治教育是以人为本、以促进大学生的发展为目的的教育活动。随着"00后"大学生群体比例逐年提高，这一群体中显现出的心理问题越来越受到家长、学校和社会的普遍关注，他们在心理适应、学习认知、人际交往等方面不同程度地存在心理健康隐患。如何制定切实可行的教育对策，提高"00后"大学生心理健康教育的水平，利用合适的平台在"00后"大学生班级建设发挥应有的作用，已经迫在眉睫，刻不容缓。

（三）活动目标与意义

1. 探索高校心理健康工作"新载体"，拓宽高校班级建设新路径

目前的心理班会形式普遍是"一言堂"或"应付式"形式，导致整个心理班会流于形式，缺乏活力，无法真正发挥心理班会的作用。通过实施品牌式心理班会，把每一次的心理班会当作"品牌"，通过策划、分组、展示、总结四个阶段开展，促进学生的情感交流和内心体验，从而实现"知、情、意"的提升，对于增强班级的凝聚力、提升大学生团队协作精神、拓宽高校班级的建设提供了新的探索之路。

2. 依托品牌式心理班会，打造大学生心理班会多样化形式，提升班级学生整体心理健康水平

品牌式心理班会将心理健康教育的理念引入主题班会，根据学生心理特点，使用团体心理辅导的方法和技术，激发大学生的内在主动性，让学生可以在自由、安全的心理氛围中释放心理压力，更快地提升班级学生综合能力，增强班级弱势群体在班级内的适应力，促进其自信心的回归。

3. 通过品牌式心理班会的开展，加快辅导员管理高校班级"专业化"进程

当前"00后"个性突出的特点使他们更崇尚一种自由的学习氛围，他们更愿意接受参与性高的、感受性强的体验式的教学方法。"00后"学生的辅导员必须与时俱进，不断提升自己，把先进的教育和管理方法引入心理班会，不断改进心理班会的模式和方法，以满足"00后"心理健康的需要。借助"品牌式"心理班会的契机，加快辅导员管理高校班级"专业化"的进程。

（四）创新与特色

品牌式心理班会从全新的视角审视高校学生开展心理班会的现状，结合传统心理班会的优势，将每期心理班会以"品牌"的形式"承包"给某一个小组，通过策划、分组、展示、总结四个阶段开展心理班会。小组成员在策划、分组、展示、总结的过程中大大加强"00后"学生的团队协作能力、心理综合素质，推进了班级内部建设。

（五）活动流程

品牌式心理班会立足"00后"大学生心理发展规律及心理状态，通过"品牌式"形式，帮助学生解决心理困惑，提升团队协作能力，促进学生心理健康成长。同时，帮助高校辅导员掌握心理班会的育人特点和功能。通过对品牌式心理班会研究，促进班级建设管理，提升大学生思想政治教育管理能力。从实践出发，研究品牌式心理班会在"00

后"大学生班级建设中的运用，构建高校心理班会新模式，可以从开展前、开展中、开展后着手。

1. 品牌式心理班会开展前

在品牌式心理班会开展前，确定品牌式心理班会管理制度。成立以辅导员为组长、心理委员为副组长，班级班委为成员的心理班会管理委员会。统一编撰专业心理班会管理办法，包括人员分工、现场评分细则、奖励细则、检查细则、心理班级经费、心理班会汇报、总结制度等。辅导员召开品牌式心理班会动员大会，需先召开班委动员大会，听取班委们的意见，进一步完善品牌式心理班会形式和制度。召开专业学生动员大会，讲解召开品牌式心理班会的意义、目的、相关管理奖励制度，为后期品牌式心理班会开展做好充分的思想动员工作。

开展品牌式心理班会的培训工作，品牌式心理班会的培训工作主要由班级心理委员来负责。为了调动学生的积极性，确保心理班会顺利开展，需对参与班级班委进行主题为"心理班会开展的意义及具体流程""'角色扮演'在心理班会中的运用""团体小游戏在心理班会中的运用""心理班会实操展示"的培训内容。通过这些培训，让班委了解心理班会开展的流程，具备开展品牌式心理班会的基本能力，确保心理班会的顺利开展。

2. 品牌式心理班会开展中

品牌式心理班会的主题选择。当前大学生的心理困惑主要体现在社会适应、学习障碍、情绪调节、自我探索、个人成长、亲密关系、生涯规划、人际关系等方面。所以，品牌式心理班会的主题选取要根据学生常见的心理问题和学生所在的不同年龄阶段需求来定。如大一学生可以选择"社会适应""认识自我""生涯规划"为主题的品牌式心理班会；考前可以开展"学习障碍"为主题的品牌式心理班会，让学生正确看待大学里的每一场考试，降低考试焦虑的风险。总之，结合大学学期的特点以及"00后"学生的心理需求，重点开展围绕学生"适应、学习、情绪调控、亲密关系、人际关系、认识自我、生涯规划、考试焦虑、压力应对"等相关主题的品牌式心理班会。

品牌式心理班会的物质采办工作由本期品牌小组组长负责。品牌式心理班会参会人员需提前5分钟到达心理班会现场。负责当期品牌现场布置的成员提前30分钟到达心理班会教室进行现场布置，根据每期主题布置不同的会场。包括多媒体设备的调试、PPT的试放、黑板内容的撰写、互动环节的道具、人员准备。主持人负责把握好互动环节的提问、游戏的时间，其他成员负责拍照、学校心理班会检查、现场突发事件的处理，确保品牌式心理班会能在规定的30～40分钟内完成。

3. 品牌式心理班会开展后

做好每期品牌式心理班会的汇报工作。由心理委员在开展前和开展后跟辅导员汇报相关情况，辅导员做好品牌式心理班会的最后审核工作。每期品牌式心理班会开展前，品牌小组组长将策划书、PPT及相关品牌式心理班会活动流程交于辅导员审核，确保心理班会能顺利开展。

品牌式心理班会结束后，本期品牌小组负责人需将本期的策划书、PPT、现场照片、心理班会总结的电子档和纸质材料交予班级心理委员存档，做好资料保存工作。辅导员及时做好所带学生整个专业的本期品牌式心理班会相关资料的汇总，并组织定期做好品牌式心理班会交流分享会，总结经验和成果，促进品牌式心理班会的不断改进和完善。

（六）技术路线图（图3-2）

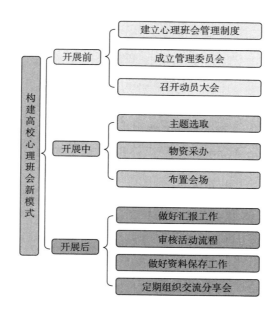

图3-2　电气与信息工程学院构建高校心理班会新模式技术路线

【优秀案例四】

中华好家风融入思想政治教育一体化建设活动方案
经济与管理学院　王老师

一、活动简介

家庭教育是伴随个人一生的教育，良好的家风有助于大学生塑造健全人格，促进正确世界观、人生观和价值观的形成。党的十八大以来，习近平总书记在继承和发展中国传统优良家风的基础上，吸收革命建设时期家风的精华，融入新时代优良家风，形成了符合人民群众根本利益和需求的重要家风论述。无论是在习近平总书记一系列重要讲话论述里，还是在人民代表大会立法中，都不断强调着优秀家风的重要性。良好的家风教育是大学生思想政治教育的有益补充，所以在高校思想政治教育的过程中家风教育建设尤为重要。经济与管理学院依托学院品牌"五爱三堂"融通式思想政治教育体系，现开展中华好家风融入思想政治教育一体化建设活动，成立"晒家风，讲家训"志愿服务实践团队。在国家政策引领和学校高度重视下，通过社团晒家风让优秀家风家喻户晓、课程学家风让优秀家风内化于心、言行践家风让优秀家风外化于行，利用长春文庙社会实践基地，理论与实践双管齐下，深入推进中华好家风融入思想政治教育一体化建设，领悟中华民族传统美德的实质内涵，切实把传承优秀传统文化、培育和践行社会主义核心价值观融入大学生活，传承优良家风，涵养向上品德。

二、活动创建方案

（一）活动主题

传承优良家风，涵养向上品德

（二）活动背景

自党的十八大召开以来，党和国家领导人多次强调要培育良好的乡风、家风和民风。在2021年最新出版的马克思主义理论工程重点教材《思想道德与法治》中，也将重视家庭、重视家教、重视家风放在了重要位置。

（三）活动目标与意义

1.活动目标

（1）组建家风建设志愿服务队，树立家庭志愿服务活动品牌，开展特色家庭志愿服务活动。

（2）培育学生德智体美劳全面发展，提高学生的综合素质，培养有理想、有本领、有担当的时代新人。

（3）构建学校、社会、家庭各司其职，相互融合，协调发展的三位一体的教育新格局。

（4）打造"中华好家风一体化建设"家庭教育模式，形成一套可操作、可推广、可复制、可持续、可运行的机制。

（5）发挥家庭传、帮、带的示范引领作用，以优良家风带学风、正党风、树正风，营造风清气正的校园风尚。

2.活动意义

强化家风建设是大学生思想政治教育的重要突破口，家风为开展思想政治教育奠定家庭基础，家风作为微观载体，可以使抽象的思想政治教育变得具体、鲜活，可以让大学生将思想政治教育的实质内化于心，外化于行。

优秀的家风是中华民族源远流长的优秀传统文化的载体，它对个人的健康成长以及人生观、价值观的形成具有持久性的积极影响，社会的发展和时代的进步也需要我们建设新时代优秀家风。中华好家风一体化建设，为大学生思想政治教育提供文化场域；通过挖掘中华优秀家风的文化资源和教育方式，拓宽高校思想政治教育途径，提升高校思想政治教育亲和力，为大学生思想政治教育传输能量，进一步丰富大学生思想政治教育的内容，提升学生社会适应能力与道德修养，搭建教育桥梁，增强家庭教育与高校教育融合度。

（四）创新与特色

大学生思想政治教育强调提升有效性、倡导增强针对性、提倡完善系统性，都是为了从理论层面不断地丰富和完善。作为精神风尚的家风对大学生道德养成具有根源性的影响。从"家风"角度切入大学生思想政治教育，可以完善大学生思想政治教育的理论体系。中华优秀家风中蕴含着思想政治教育的目标、内容和方法，在社会价值多元的当下，弘扬优秀家风，积极开展中华优秀家风融入大学生思想政治教育工作具有重大的意义。

提出将优良家风融入高校思想政治教育中，依托"五爱三堂"品牌，从整合教育资源、优化教育方式、完善教育载体、优化教育环境四个方面，构建中华好家风融入思政教育的实践路径，开展一系列家风教育活动。本品牌亮点在于，始终以"家"为中心，注重家国情怀，本品牌将传统方式和新媒体方式有机融合、互为补充，既注重面对面培训、实地指导、参观学习等传统方式，又有效利用公众号、微信群、线上直播等，构建有效、高效、长效的多层次交流平台，实现科学技术的快速、指向性传播。

（五）申报基础

1. 国家政策引领

（1）党的十八大以来，以习近平同志为核心的党中央高度重视家庭家教家风建设，推动社会主义核心价值观在家庭落地生根，形成社会主义家庭文明新风尚，使千千万万个家庭成为国家发展、民族进步、社会和谐的重要基点。

（2）2021年，中宣部、中央文明办、中央纪委机关、中组部、国家监委、教育部、全国妇联印发《关于进一步加强家庭家教家风建设的实施意见》指出，要以习近平新时代中国特色社会主义思想为指导，立足新发展阶段、贯彻新发展理念、构建新发展格局，以培育和践行社会主义核心价值观为根本，以建设文明家庭、实施科学家教、传承优良家风为重点，强化党员和领导干部家风建设，突出少年儿童品德教育关键，推动家庭家教家风建设高质量发展。

（3）《中国共产党党内监督条例》要求中央政治局委员应当"带头树立良好家风"。

（4）《家庭教育促进法》由全国人大社会建设委员会牵头组织起草，2021年1月初次提请审议，10月十三届全国人大常委会第三十一次会议审议通过，于2022年1月1日起正式施行。

2. 对接平台成熟

依托于学院"五爱三堂"品牌，目前已对接多方合作平台。

（1）长春文庙大学生社会实践基地。

（2）伊通满族自治县新时代文明实践中心校地共建基地。

（3）伊通满族自治县第二高级中学社会实践基地。

（4）吉林市筑石集团创业园大学生就业实习基地。

（5）三辅社区志愿服务合作品牌。

本品牌将充分利用以上对接平台，充分发挥育人优势，积极开展内容丰富、形式多样的社会实践活动，构建多维度社会实践基地矩阵，为学生提供更宽广的社会实践机会和展示舞台。讲好家风故事，弘扬传统美德，增强文化自信，实现本活动的可持续发展。

3. 资金支持完备

学校将对优质品牌给予资金支持。

（六）特色活动方案

为深刻领悟中华民族传统美德的实质内涵，切实把传承优秀传统文化、培育和践行社会主义核心价值观融入大学生活，经济与管理学院计划组织开展"传承优良家风，涵养向上品德"系列活动。

1. 指导思想

坚持以党的十八大，十八届三中、四中、五中、六中全会精神为指导，深入贯彻落实习近平总书记系列重要讲话精神，大力培育践行社会主义核心价值观，努力营造爱国爱家、孝亲敬老、勤劳致富、崇文重教、诚信守法的校园风尚，为建设和谐校园提供强大的精神动力。

2. 队伍组建

成立辅导员、学生党员、入党积极分子、学生骨干、优秀团员为主的"晒家风，讲家训"志愿服务实践团队。为活动开展、理论宣讲、志愿服务等提供优质人力资源。

3. 活动策划——理论+实践

主题教育活动内容以建设优良家风为目标，深入开展"建设优良家风"主题教育活动，培育全院学生形成良好家风，弘扬中华民族家庭美德，争做诚信友善的新时代大学生。

（1）社团活动晒家风（让优秀家风家喻户晓）。

①艺术宣家风，家风+艺术。引导学生充分发挥才艺优势，利用"大学生艺术团""校园文化社"等宣传阵地，以舞蹈、歌唱、书法、绘画、摄影、剪纸等家庭才艺表现形式，同时融入民族团结、传统文化等元素，组织广大学生及其家庭踊跃参加有特色的家庭文化活动，通过"我说我家、我唱我家、我演我家、我画我家"，展家庭文化成果，秀美好家庭生活。

②学生评家风，开展"最美家庭"评选活动。社团制定方案，对评选活动进行宣传，并张贴评选活动的相关事宜，让学生详细了解评选的范围及条件，评选活动不仅要取得学生的支持和参与，还要教育引导激励学生背后的家庭积极参与。

③平台弘家风，搭建展示家风家训好平台。社团组织各班级要以议家风、晒家训、征格言、传美德为主要形式，开展"好家风好家训"主题宣传活动，通过微信公众号、QQ群等宣传形式分享好家风、传送好家训。同时，要面向学生征集好家风好家训，在学院公众号设置"好家风好家训"展示台，组织学生开展"好家风好家训"讨论评议。

（2）课程理论学家风（让优秀家风内化于心）。

①开展传统家规学习。"家规"是治家教子、修身处世的重要载体，是中华民族传统文化的重要内容。全院党员干部集中关注中纪委监察部网站和客户端推出的"中国传统中的家规"专题，认真学习《中国家规》《颜氏家训》《曾国藩家书》等传统家规家训。

②开展"传承好家训 培育好家风"讨论。以"弘扬家风家训，培育党风政风"为主题，开展"传承好家训 培育好家风"专题党课，组织学生党支部召开专题讨论会，讨论要围绕什么是家风家训、培育传承良好家风的重要意义，以及如何传承良好的家风家训等，做到人人发言。引导学生党员从身边的例子、名人的事迹、典型的社会事件、舆论的热点话题展开学习讨论，唤醒党员的家风情结，发挥好党员干部的示范带头作用。让家风家训在学生党员之间进行推广、学习，以优秀的家风家训带动校园风气、带动党风学风。努力营造传承好家训、培育好家风，共建和谐美好校园的浓厚氛围。

（3）家庭学校践家风（让优秀家风外化于行）。

①学生家庭侃家风。以学生家庭为载体，以"争做合格家长，培养合格人才"为目标，为家长广泛开展亲子教育、文明礼仪教育、心理健康咨询以及法律法规教育等，宣传普及科学的教育理念，为广大家长解疑释惑，努力提高家长教育子女的水平。教育子女正确认识社会主义的优越性，积极为建设现代化的社会主义强国而献身。通过"五爱"教育的影响，让子女汲取党史丰富的营养，更加相信社会主义，坚定理想信念，为实现中华民族伟大复兴而努力。

开展各类亲子实践活动，在亲子比赛、亲子游戏等活动中提高家长教子的科学性、能动性和实效性，为大学生健康成长营造良好家庭环境。

②主题班会践家风。以家风为主题，召开主题班会，组织教师、学生、家长讲述对家风的认识及各自家风，以及培育、传承良好家风在大学生健康成长中的重要作用，引导家长更加注重自身修养、言传身教。同时，通过开展"每周为父母剪一次指甲""每周为爷爷奶奶洗一次脚"等敬老爱老校园主题活动，培养学生敬老爱老助老的良好道德风尚，引导学生传承中华传统美德，弘扬社会正能量，使学生在良好家风熏陶下健康成长。

③"五爱三堂"行家风。以学校"五爱"教育为载体，以学院"五爱三堂"品牌为依托，拓宽思政教育内容，融入优秀传统文化。

通过举办说家风、话家训、写家书、谈家教等活动，使学生从优良家风中汲取力量，在代入自我情感的同时，提高学生的人文素质。中华优秀文化通过一代代家庭长辈的言传身教和家风传承，深入到每个中国人的血脉中。家风、家训作为传承中华文明的微观载体，以一种无言的教育，潜移默化、润物无声地影响着人们的心灵，是每个家庭教育智慧的深刻体现。

家书是维系家人情感的一种方式，家长与学生共同品读自己家庭珍藏的家书或名人的家书，感受家书中浓浓的亲情和朴素的家教智慧。家长和孩子互相写一封"家书"，表达对家人的关爱，积极参加学校组织的亲子家书评选活动。鼓励家长撰写自己在养育子女的过程中成功的经验和有效的做法，为他人教子提供借鉴；家长梳理在家庭教育方面的问题或困惑，交学校汇总。通过此次践行家风家训活动，既传播了文明家庭的治家理念和良好家风，又有效引导了学生们从优秀家风家训中汲取培育道德的养分，也会用实际行动践行优秀的家风家训。

4. 活动开展

主题活动自2023年4月15日启动至2024年4月15日结束，具体步骤如下：

（1）宣传发动阶段（4月20日—7月20日）。

（2）组织实施阶段（7月20日—10月20日）。

（3）寻找典型阶段（10月20日至次年1月20日）。

（4）评比表彰阶段（次年1月20日至次年2月20日）。

（5）传承弘扬阶段（次年2月20日至次年4月15日）。

（七）活动要求

1. 高度重视，加强领导

开展建设优良家风主题教育活动是我院培育和践行社会主义核心价值观，落实我院"一院一品牌"，夯实家庭教育的重要举措。要求广大党员、团员和学生干部积极参与到建设优良家风主题教育活动中。

2. 注重结合，务求实效

开展建设优良家风主题教育活动要从具体工作抓起，切合实际，讲求实效。要把建设优良家风主题教育活动与学生工作紧密结合起来，充分发挥学生干部的主体作用，使优良家风真正进入广大学生的心坎里。

3. 大力弘扬，全面推进

学院团委要对本次活动进行全方位、多角度地宣传报道，及时播报活动中的热点、亮点及活动中涌现出的感人故事，重点宣传"好家风""好典型"，使广大学生学有榜样、赶有目标，以实实在在的工作推进精神文明建设。

【优秀案例五】

多措并举心理育人，助力学生健康成长
艺术与设计学院　包老师

一、活动主题

艺术与心理接轨　学院特色文化活动助力心理育人

二、活动背景

2017年12月，教育部党组颁发了《高校思想政治工作质量提升工程实施纲要》，将心理育人列为"十大育人体系"之一。2018年7月，为了提升心理育人质量，教育部《高等学校学生心理健康教育指导纲要》提出："坚持育心与育德相统一，加强人文关怀和心理疏导，规范发展心理健康教育与咨询服务，更好地适应和满足学生心理健康教育服务需求。"心理育人是新形势下提升思想政治教育质量的重要方式，也是新时代学校心理健康教育的新任务、新使命。

（一）艺术与设计学院学生心理基本情况

艺术与设计学院目前共有在校学生2080人，学生来自各个不同省份，由于不同地域的生活习惯、寝室关系、家庭关系、情感问题、学业压力、就业压力等，导致部分学生在心海网测评中显示为心理异常，并且在日常生活中表现出比较焦虑的情绪。

（二）艺术与设计学院心理工作基本情况

艺术与设计学院高度重视学生心理健康教育工作，学院设有大学生心理健康教育工作站、大学生心理健康教育领导小组、团委心理发展中心等部门，工作人员均由经验丰富的辅导员和学生干部担任，学院积极响应国家号召，落实学校心理咨询中心布置的各项任务，学院目前已经形成自己独特的心理工作模式。

三、活动目标

（1）落实心理育人助力学生健康成长。

（2）深入了解艺术学子心理基本情况。

（3）分析学院心理育人不足之处。

（4）创新学院心理健康教育实践路径。

四、活动意义

深入学习贯彻习近平新时代中国特色社会主义思想，全面贯彻党的教育方针，坚持育心与育德相统一，加强人文关怀和心理疏导，规范发展心理健康教育与咨询服务，更好地适应和满足学生心理健康教育服务需求，突出强化学院以及学生主体在心理健康教育工作中的地位和功能，完善学院大学生心理健康教育工作体系与运行机制，促进大学生思想道德素质、科学文化素质和身心健康素质协调发展，使大学生健康成长、立志成才。

五、创新与特色

互联网时代，学生接受的信息量远远大于以往，这给心理咨询带来了难度，学生往往形成一套固有的思维模式，根深蒂固，难以动摇。通过构建学院心理工作体系，潜移默化地影响学生，为心理健康教育工作加强了保障。

心理健康工作者往往忙于事务性工作，而无心处理学生心理健康教育问题，通过工作体系、工作制度的确立，可以让心理健康教育工作者回归到工作中，提高工作效率，完善工作方法。

（1）形成五级包保心理育人模式。

（2）形成学院特色心理育人机制。

六、申报基础

（一）学院加强工作条件保障，完善心理育人环境

学院领导高度重视，设立改造专项，在学院内专门分给学生工作一个独立教室，可作为心理谈话室，2023年4月顺利完成启用。新的谈话室位置独立，环境温馨，功能覆盖个体咨询、团体咨询、心理测评、休闲阅读、团体活动和督导培训等，为学生提供了更优质的心理环境，心理服务功能相比较以前有明显改善和提升，同时形体室可以作为活动排练场地。

（二）学院建强心理工作队伍，夯实心理育人体系

强化心理健康队伍建设。为提升心理健康教育工作实效，学院高度重视心理工作队伍建设，积极推荐辅导员参与中国科学院心理研究所心理咨询师基础培训合格证书培训以及学习公社上的心理健康教育培训，推荐学生参与心理委员MOOC培训。同时学院经常邀请国家二级心理咨询师来学院对心理工作队伍进行专题培训。

七、具体活动流程

第一，在学院辅导员层面。

（一）心理月报评选活动

学院每个月出一份心理月报，把本月发生的重大心理问题、心理活动开展等写入月报当中，作为工作总结。

（二）心理案例征集活动

学院定期开展心理健康教育与危机干预优秀案例征集活动，提升辅导员参与度，学院会把案例装订成册，便于辅导员互相借鉴经验。

（三）举办心理沙龙活动

学院经常组织心理沙龙活动，邀请国家二级心理咨询师来到学院，与学院心理健康教育工作队伍一起进行心理案例探讨。

（四）每周开展心理班会

学院全体辅导员每周均会开展心理班会，确保全员覆盖，在班会中为学生普及心理

健康知识，增强学生心理调适能力。

（五）健全心理约谈流程

学院单独提供心理谈话室，确保谈话保密，并且严格按照心理咨询中心下发的辅导员心理约谈流程进行。

（六）完善心理包保体系

建立学校心理咨询中心、心理咨询师、学院党政领导班子、辅导员、心理委员五级包保体系，确保学生出现心理问题第一时间发现并干预。

（七）定期举办心理讲座

学院定期举办心理讲座，邀请国家二级心理咨询师，以及六院的心理医生，为辅导员、学生们开展心理健康教育讲座。

（八）建立家校联系制度

通过建立学校、家庭、社会共同育人的长效机制，保障学生健康成长，形成家校教育合力，随时了解学生思想变化。

第二，在学院学生层面。

（一）艺术与心理接轨，跨学科融入打造学院特色活动品牌

（1）我爱工师，文明从我做起——大学生文明公约插画征集活动。

（2）治愈心灵，唱出心声——歌声治愈心灵音乐节活动。

（3）我的青春我做主——心理漫画征集大赛。

（二）校园与社会结合，通过实践感受生活热度唤醒真善美

（1）唤醒学生真善美——孤儿院及敬老院走访活动。

（2）关爱残障儿童 感受生活热度——听障儿童康复中心走访活动。

（3）青春向阳 携手筑梦——社区志愿服务活动。

（三）传统活动再创新，进一步提升完善校园心理文化活动

（1）话说情绪——心理情景剧大赛活动。

（2）以赛代练——心理知识竞赛答题活动。

（3）心风采 心能量——优秀心理委员评选活动。

八、活动实施的技术路线图（图3-3）

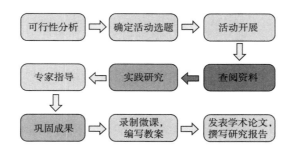

图3-3 艺术与设计学院艺术与心理接轨活动实施技术路线

九、保障措施

（一）组织机制

（1）艺术与设计学院大学生心理健康教育工作站。

大学生心理健康教育工作站站长由学院从事学生工作并有心理健康教育资质的辅导员担任，其他辅导员作为工作站成员切实做好班级心理健康教育工作。

工作站组建学生朋辈心理辅导小组，通过选拔优秀学生参加学生工作部心理咨询中心组织的培训考核，合格后上岗，志愿开展朋辈心理辅导服务。

（2）艺术与设计学院大学生心理健康教育工作领导小组。

（3）艺术与设计学院团委心理发展中心（学生组织）。

（二）人员配备

艺术与设计学院全体辅导员、艺术与设计学院党政领导、艺术与设计学院团委心理发展中心学生干部、学校心理咨询中心工作人员、学校心理咨询师。

（1）人员合理，经验具备：主持人及参与者均为经验丰富的学生工作干部，参与完成相关活动、品牌多项。

（2）时间充足，资源丰富：主持人及参与者负责学院心理工作的具体实施开展，育人经验丰富，都经过了长时间的培训与学习，且时间充足。

（三）硬件设施

（1）学院配有专门分给学生工作使用的独立教室，可用于心理谈话室，教室内布置温馨，有热水、糖果等，可以让学生在谈话室内放松心情。

（2）学院配有形体室，可用于心理情景剧排练室，为心理情景剧排练提供场所。

十、活动经验与启示

"心理育人"概念的思想基础是"全员、全方位、全过程育人"，主要指借助高校教学、管理、服务工作主体，引导大学生发挥能动性和自我调节的作用，培育积极的心理品质，培养健康完善的人格，促进学生潜在能力的开发，最终目标是达到自我实现和奉献社会的和谐统一。

本研究对艺术与设计学院心理育人工作建立了下一步工作构想，希望能对未来高校心理育人的理论与实践研究起到一定的借鉴作用。

【优秀案例六】

高校基层团组织美育素质建设

教育科学学院　刘老师

一、活动简介

近年来，高校团委在学生工作中发挥着越来越重要的作用，美育素质也逐渐成为团委工作中的重要一环。然而，基层团组织的美育素质建设仍存在一定的薄弱环节。本活动旨在通过实施提高基层团组织的美育素质，增强美育教育的针对性和有效性；培养学生的审美意识和文化素养，增强文化自信和文化认同感；拓展团委工作领域，增强基层团组织的影响力和凝聚力，提升基层团组织的美育素质，更好地服务于广大学生。

二、活动创建方案

（一）活动主题

加强美育教育的针对性和有效性，提高基层团组织的美育素质

（二）活动背景

随着高校教育的不断发展，学校除了重视学生的学术水平外，也逐渐注重学生的综合素质培养。作为学生的主要组织形式之一，基层团组织在学校管理和教育中起着重要的作用。美育素质是学生综合素质培养的重要组成部分，对于提高学生的综合素质具有重要作用。

（三）活动目标

提高高校基层团组织的美育素质，通过建设美育资源共享机制，培养具有较高美育素质的基层团干部，开展各种形式的美育活动，推动学生艺术素养和创造力的提高，提升学校的综合实力和文化底蕴。

（四）活动意义

1. 促进学生全面发展

美育是学生全面发展的重要组成部分，通过各种形式的美育活动，学生的文化素养、审美能力和创造力得到提高，对于学生未来的发展将产生积极的推动作用。

2. 提高基层团干部美育素质

基层团干部是团组织建设的重要骨干，通过本品牌的培训，可以提高基层团干部的美育素质，增强其组织和开展美育活动的能力，为学生提供更好的美育服务。

3. 建立美育资源共享机制

本活动将建立美育资源共享机制，让更多的基层团组织可以分享到丰富的美育资源，避免重复建设和资源浪费，提高资源利用效率。

4. 提升学院的综合实力和文化底蕴

高校基层团组织是学校文化建设和学生思想政治教育的重要阵地，通过提高基层团组织的美育素质，可以增强学院的文化底蕴和综合实力，提升学院的品牌影响力和竞争力。

（五）创新与特色

1. 美育资源共享机制的建立

通过建立美育资源共享机制，实现资源的共享和利用，让更多的基层团组织可以充分利用已有的美育资源，避免重复建设和资源浪费。

2. 针对性培训

本活动的培训将针对不同基层团干部的实际需要进行针对性的培训，让他们能够更好地组织和开展美育活动，提高美育服务水平。

3. 多元化的美育活动

开展多种形式的美育活动，包括但不限于艺术节、艺术讲座、美术展览等，让学生在不同领域得到锻炼，提高学生的综合素质。

4. 着眼于基层团组织建设

本活动将重点关注基层团组织的美育素质建设，通过提高基层团干部的美育素质、组织和开展美育活动的能力，为学生提供更好的美育服务，同时也促进基层团组织的建设和发展。

（六）技术路线

1. 需求调研

对学院基层团组织的美育素质需求进行深入调研和分析，了解实际需求和问题，为后续的培训和活动开展提供基础数据。

2. 美育资源共享机制的建立

建立美育资源共享平台，收集整理各类美育资源，包括但不限于艺术家的讲座、专业培训资料、艺术品展览等，为基层团组织提供丰富的资源支持。

3. 基层团干部美育素质培训

根据需求调研结果，设计相关培训课程和教材，包括艺术基础知识、组织策划能力、公共关系等，通过线上、线下等多种形式进行培训。

4. 多元化的美育活动开展

开展多种形式的美育活动，包括艺术节、艺术讲座、美术展览等，活动的设计和实施需要充分考虑学生的需求和兴趣，提高活动的参与度和吸引力。

5. 活动效果评估

通过对美育活动的效果进行评估和反馈，收集学生和基层团干部的反馈意见，及时调整和改进活动策划和实施方案，确保活动效果的持续提高。

6. 活动总结与推广

对本活动的实施过程和效果进行总结，撰写品牌总结报告和相关成果，推广活动的成功经验和实践经验，为其他学院和基层团组织提供参考和借鉴（图3-4）。

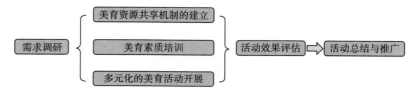

图3-4　教育科学学院美育教育活动实施技术路线

（七）保障措施

（1）党建带团建体系成熟在党建工作中，教育科学学院党组织遵循党章党规，进一步提高政治站位，不断加强党员党性教育，充分发挥党组织"把方向、管大局、保落实"的领导核心和政治核心作用，加快推进党建科学化发展，确保党建工作不变色，不褪色。党建工作能够充分发挥引领作用，带动团组织建设发展。

（2）有相关资源配合美育建设开展。

（3）强化宣传。通过"卓越教科""教科学思千里驿站"等新媒体平台和海报、条幅等传统宣传相结合的方式，对各项工作的开展进行宣传。

【优秀案例七】

"五爱教育"背景下大学生爱校教育工作的探析

国际教育学院　木塔力普·吐尔洪

一、活动简介

为了积极落实"五爱教育"理念，更好地宣传爱校教育，同时增强学生对学校的认同感和荣誉感，吉林工程技术师范学院国际教育学院开展"知校、讲校、荣校"系列爱校主题教育活动，采取演讲、主题教育、网上征文、劳动实践等多种途径，调动师生的积极性，最终取得了显著的成效。

二、活动创建方案

（一）活动主题

"知校、讲校、荣校"系列爱校主题教育活动

（二）活动背景

随着全球化的日益深入，各种价值观念和文化思潮大量涌入，冲击着高校学生的思想，做好高校学生思想政治教育成为高校的一项重点工作。大学生爱校教育作为高校思想政治教育的主要内容之一，面临着巨大挑战。从目前对大学生爱校教育的研究现状来看，主要存在两大问题：一是爱校教育与大学生人才培养脱节。二是目前高校教育主体为"00后"，在生源质量下降的背景下，大学生文化素养低，但具备活跃的思维，容易接受新生事物，尤其是在"互联网+"和新媒体的冲击下，主题爱校教育影响并没有得到淋漓尽致的体现。因此，继续加强大学生的爱校教育已刻不容缓。为深刻贯彻"爱校"理念，丰富我院全体同学的课余文化生活，创造丰富多彩的校园文化，丰富同学们的校园生活，同时展现21世纪进步青年的风采，提高学生的修养，我校开展了知校爱校主题活动。

（三）活动目标与意义

1.活动目标

增强广大师生爱校荣校的主人翁意识和责任感，增强大学生在校期间的健康生活意

识，刻苦学习，积极进取，力求成才的坚强决心与坚定信念，以实际行动创造一个宜学、善学、乐学的学习环境，展现我校深厚的文化底蕴，同时响应国家号召和时代召唤，培养具备社会新技术、新思维的社会主义建设者和接班人。

2. 活动意义

活动展示了大学生青春风采，丰富了大学生校园生活，提高了学校社会知名度，弘扬了校园文化，促进了校园文明，加强了学院文化氛围，展现了当代大学生的崭新形象。同时，也为学生深入了解学校和自己所学的专业提供了平台，使学生不仅能够对自身进行准确定位，制定合理的奋斗目标，还更好地了解了校史、校训、校歌、校景，增强学生对自己学校的归属感、认同感和自豪感。再者，多样形式的实践活动的开展，使学生能够劳逸结合，在学习之余增长实践经验，保持身心愉悦，促进学生的身心健康发展。对于学校来讲，知校爱校主题活动，一方面有利于学校教学质量和教学水平提升、教学内容改善，另一方面，也为校园增添了新的活力，使校园整体呈现出一番欣欣向荣的景象。

（四）创新与特色

第一，活动开展的形式丰富多彩。设有"最美工师人"评选宣传活动，最美校园摄影展览活动、我爱校园主题宣传、薪火接力赛主题活动、"红色校园一角"、触动—教师的品格主题活动，高校光辉史主题活动，突出贡献教师传记编写、诵校风咏校情、校内植树、校史讲解志愿者主题活动；爱校演讲比赛、"工师带给我的感动"主题活动，校园环保、校歌比拼、"爱校薪火相传"主题活动，校训征文比赛、爱校草木知活动，"一屋不扫何以扫天下"主题活动，以及校史文化节等主题活动，不仅将线上线下两种方式结合，还分为征文、劳动实践、演讲等各具特色的方式。

第二，活动注重理论宣传和劳动实践相结合。理论宣传方面包括"我爱校园主题演讲、校史讲解、诵校风咏校情"等活动，这些活动能够使学生在搜集相关资料时，加深对校园文化的印象，对关于校园的相关方面的内容进行拓展。劳动实践方面包括校内植树、寻找最有韵味的物件等活动。这些活动能够使学生丰富实践经验，身心得到锻炼。

第三，活动动员广泛。知校爱校活动面向全体师生开展，使每个有特殊能力和优点的师生都能融入其中，如校训征文主题活动，为文采斐然的学生施展才能提供了机会，校内植树、校内清扫为学生创造了锻炼身心、增进同学关系的机会，校歌比拼赛为能歌善舞、灵活好动的同学提供了舞台，有意愿者皆可踊跃参加，同时还设有不同层次的奖项，激发了师生兴趣，充分调动了师生的主动性。

（五）申报基础

社会主义核心价值观中提出"爱国、敬业、诚信、友善"，这是公民基本道德规范，是从个人行为层面对社会主义核心价值观基本理念的提炼。学生爱校和公民爱国是一样的，学生连学校都不爱，何谈爱国。让广大青年树立和培育社会主义核心价值观，提出要在以下几个方面下功夫：一是要勤学，下得苦功夫，求得真学问。二是要修德，加强道德修养，注重道德实践。三是要明辨，善于明辨是非，善于决断选择。四是要笃实，扎扎实实干事，踏踏实实做人。

（六）具体活动流程

第一，知校系列主题教育活动具体如下。

1. 开展"校史志愿讲解员"主题活动

随着学校校史馆在建工作的进一步完成，我校准备招聘一些了解学校历史的学生，以便更好地让学生知道本校的背景，更好地去发扬我校的风格和传统，让更多的人更深入地感受学校的魅力。举办此次活动对在校大学生了解学校的历史十分必要，同时也需要一些这样的人来帮助我们去探索更有意思的工师。

准备过程：

（1）在学校大屏幕上播放招聘志愿者的信息，在校园内发布消息，以便同学们能更好地知晓和了解活动的内容。

（2）宣传志愿者精神。志愿者精神意指一种互助、不求回报的精神，它提倡"互相帮助、助人自助、无私奉献、不求回报"。

（3）对志愿者进行筛选，主要是想看到志愿者展现出的助人为乐精神和语言表达能力、对校史的了解程度。

2. 开展"追忆学校光辉史"学习交流活动

校史记录着学校的产生、发展、鼎盛与传承，对学校声誉和氛围的形成起到重要作用，为了让学生更好地了解吉林工程技术师范学院的历史环境和建设情况，增进学生对学校的热爱之情，提高学生的校纪观念。为了让学生更深地了解学校，和学校建立感情，在学校开心地学习、生活，成为一名合格的工师人，特开展此活动。

活动准备：

（1）辅导员将要举行的活动向各班负责人讲解、安排。

（2）各班学生通过图书馆、网络等渠道，了解学校的历史。

（3）班长组织召开班会，各同学就自己了解的校史进行交流。

（4）由班委成员详细介绍学校的历史。

（5）就所讲问题进行知识竞答（共二十题，在所讲校史中选择）。

（6）结束后班长对活动进行总结，学生发表感言。

3. 开展"校训伴我行"主题征文活动

陶行知说："千学万学学做真人，千教万教教人求真。"在学会做人、打好基础、培养专长、加强实践、报效祖国精神的激励下，工师学子奋发图强，力创佳绩。为响应"五爱教育"活动，同时也为更好地展现出新时代背景下的校园文化，继而开展暖心接力赛来展现校园的活力、人文风采。

（1）活动准备：张贴海报，稿件收缴工作、截稿。

（2）征文内容：以建校十周年隆重庆典为主，从不同角度或者学校不同发展时期作为文章切入点描述学校这十年来的斐然成就，以及作为工师学子在十年校庆之际献上最真诚的祝福。

（3）征文要求：

①文章题材不限，题目自拟，字数3000字以内（诗歌不限字数）。

②文章内容积极向上，必须为原创作品，不得抄袭、篡改。

③字迹清晰，用正规稿纸抄写或发电子邮件上交。

④交稿日期为待定，稿件要注明作者的真实姓名及详细的联系方式。

（4）评选工作：公布获奖结果，颁发证书。

4. 开展"红色校园一角"文艺作品征集活动

为了紧跟国家"五爱教育"步伐，争做新时代文化校园，开展校风文化建设活动，同时也为了培养新时代的社会主义接班人，让更多的大学生有"争做时代新青年，展现校园新文化"的觉悟。活动的本质是从学生身边出发，做到活动的一点一滴都与学生和教师息息相关。我们是为了凝聚校园文化，也是为了展现校园文化，更是为了紧跟时代、国家的步伐，做新时代文化校园。

活动准备：

（1）装饰校园的一角或者楼道，并拍摄小视频在线上线下同时展示校园历史文化、新时代爱校文化、校园服装文化等。

（2）征集学生的作品，如小视频、画作、文章、速写、服装工艺等。

（3）提前准备好活动需要的场地、工具。

（4）学生会的所有成员提前到场做好本职工作，相互配合，团结协作。

5. 开展"突出贡献教师传记"编写活动

2023年是学校成立64周年，在这64年里，学校向社会上提供了大量的优秀人才，然而这里面有太多的老师为此付出了自己的一生，在学校成立64周年之际，我们要寻找出这些老师，并为他们书写传记。吉林工程技术师范学院建校到今天处处都存在着他们的身影，是他们用职业操守护着学校，他们将学校当成自己的家，深深地爱着学校这一片土地，我们应该发扬他们的精神，让他们的品质永远地留在吉林工程技术师范学院。

活动准备：

（1）采取调查访问的方式，对这几十年来爱岗敬业的老师进行采访。

（2）访问的问题尽可能地精准，不能占用老师过多时间。

（3）访问人员必须服装得体。

（4）应具有摄影机等记录工具。

（5）组织学生写出相应的人物传记并由学院收集统一发布。

第二，讲校系列主题教育活动具体如下。

1. 开展"爱在校草木知"宣传活动

希望通过此次活动，让学生更多地了解学校，激发学生爱校之情，明确与学校的关系是息息相关的，明确个人的成长、发展离不开学校这个集体，个人的行为直接影响学校。因此，作为学校的一份子，每个学生都要为建设一个良好的校集体而承担一份责任。此活动主要培养学生对学校的认知，在学生全面地了解学校的同时提高活动积极性，浓厚校园文化气氛。

活动准备：

（1）知校——做一名"小新闻主播"，以新闻报道的方式介绍学校的64年发展历程及取得的成就，同时屏幕上滚动出现学校照片的幻灯片。

（2）爱校——做一名小记者，对全班同学进行访谈，同学各抒己见，畅所欲言。

（3）爱校——几个同学为校争光的事迹掀起了高潮，同学们争先恐后询问，了解他们是如何取得荣誉的，很多同学都暗暗下决心，要向他们学习为校争光。

2. 开展"唱爱校之歌，抒爱校情怀"校歌比拼大赛

校园是学生的第二个家，为进一步推进素质教育，推广我校校歌，丰富我校学生校园文化生活，提高学生艺术表现力、创造力和审美能力，为学生提供锻炼的机会，促进师生全面发展和校园和谐发展，我院决定举行校歌比赛活动。

（1）活动主题：唱爱校之歌，抒爱校情怀。

（2）比赛要求：

①节奏整齐、音准正确、音色统一。

②精神饱满、富有朝气。

③服装整齐、统一。

3. 开展"最美工师人"评选宣传活动

作为21世纪的高校进步青年，深刻贯彻"爱校"理念，为了丰富我院全体同学的课余文化生活，创造丰富多彩的校园文化，丰富同学们的校园生活，同时展现自我，提高个人修养。通过活动展示大学生青春风采，评选代言人进行高校宣传，让各大高校之间有了沟通的桥梁，并且提高社会知名度。

评选方式：

（1）平面摄影：展现选手的上镜感。

（2）演讲：选手的声音话语能力与形象感。

（3）晋级者，优先进行爱校宣传，深入个人。

（4）全校师生在各大平台上进行投票，选出优秀选手作为本次活动的形象代言人。

4. "最美校园"摄影展览宣传活动

为了弘扬校园优秀的精神风貌，以摄影的形式展现出当代大学生对校园生活的憧憬

热爱以及对美、对艺术的理解追求，也能提高个人综合素质，拍摄出校园最美的风貌。通过活动主要培养同学们对学校的认知，更全面地了解学校。提高学生活动积极性，营造浓厚的校园文化气氛，借此机会丰富同学们的校园课余生活，发掘艺术人才，提高同学们的艺术审美欣赏水平。

活动准备：

（1）作品须为原创，来稿作品在后期制作中，可以对影调和色调等做适度调整。

（2）摄影风格和手法不限，作品必须正能量，积极向上。

（3）作品格式为JPG格式，作品文件命名形式为：作品名+作者姓名+手机号+单位。

（4）提前收齐参赛的摄影作品，并布置场地。

（5）做好提前宣传工作。

5."薪火接力赛"主题活动

积极响应"五爱教育"的号召，培养时代的接班人，同时开展一系列活动，也是为了让新时代的校园与国家、与社会更加地紧密相连，当然也是为了凸显校园自身的活力，在每一届新生报到的时候组织火炬传递活动，把一届届的校园文化精神传递下去。展现工师精神，传承校园文化。

活动准备：

（1）确认好新生报到的时间，合理安排好所有人员时间的调配，做到活动提前通知，准备有条不紊，不慌不忙。

（2）提前准备好校旗、院旗与活动需要的场地、工具。

（3）提前到场做好所有的本职工作，相互配合，团结协作。

第三，荣校系列劳动实践活动具体如下。

1.开展"校园环保"卫生实践活动

近年来，大气污染引发的一系列恶劣影响尤为严重，原本就脆弱的环境更加恶化，所以校园环保必须实施。举办本次大型环保公益活动，有利于弘扬大学生良好精神面貌，在大学生中掀起环保热潮，把环保事业推上新的高度。与此同时，提升同学们的环保意识，号召同学们积极行动起来保护环境，从身边的点滴小事做起，争做环保践行者，让我们的生活更美好。

活动流程：

（1）在现场进行宣讲环保小知识、环保小点子活动。

（2）征集节能环保金点子。

（3）参与者进行签名承诺。

（4）在校内进行废物利用工艺品的评比大赛，进行投票。

（5）后期由宣传部进行拍照，由新闻媒体做出微信推文。

2. 组织学生开展荣校系列主题实践活动

组织学生参加各种校内外竞赛活动、英语专四专八考试等。将爱校主题教育理论和爱校主题教育实践融为一体，在活动行动中研究。

（七）活动实施的技术路线图（图3-5）

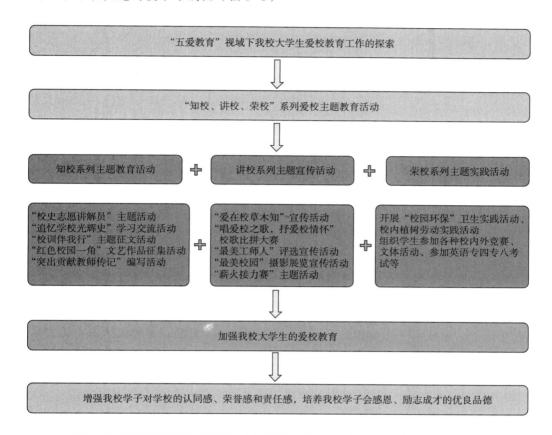

图3-5　国际教育学院"五爱教育"视域下大学生爱校教育活动实施技术路线

（八）保障措施

（1）学校将请本校有特长的老师及社会人士任兼任教师，组成专业指导小组，并根据活动的需要聘请社会上有专长者作为校外辅导员。

（2）学校提供或帮助解决活动需要的器材、资料、场地以及人员的联络。

（3）学生的校外活动要在指导教师参与的情况下展开，并争取社会有关部门和家长的支持和参与，教育学生注意活动中的安全问题。

（4）根据活动主题，精心挑选活动场地，每次活动前都必须派工作人员踩点，与场地提供方详细了解场地基本情况、活动设施使用近状和安全系数。

（5）根据场地情况，提供规划好停车地点、组织开展活动地点、就餐地点等。

（6）若在室内进行活动，还需对场地的消防通道、消防设施等方面情况详细了解，做好紧急疏散应急预案。

（7）两天一晚或以上活动，还需对住宿环境、夜间活动场地安全进行详细考察论证，并做好停电、停水等应急处理办法。

（九）活动经验与启示

希望通过此次活动，让学生知道个人的行为直接影响学校，因此，作为学校的一份子，应维护学校的形象。

【优秀案例八】

协同视域下就业创业育人路径研究
新闻与出版学院　刘老师

一、活动简介

为全面贯彻落实"立德树人"的根本任务，促进"三全育人"与就业创业教育进一步融合，结合新闻与出版学院"五爱"教育及专业发展特色，以提升学生就业创业能力为主要目标，紧密结合社会、学校和学生发展实际，面向学院全体学生举办2023年"就业创业文化节"系列活动。

将就业创业教育与思想政治教育、专业教育深度融合，借助校园活动载体，在较长的一段时期内，全面宣讲就业创业相关政策、知识和实用技巧，让就业创业元素成为大学生文化生活的重要内容。通过开展系列活动，提高学生了解就业创业的主动性，促进双向有效沟通，营造创新创业良好氛围，以就业促进学业，以学业引导就业，提升"五爱"教育育人成效。激励广大学生增强发展自信，科学规划发展路径。

二、活动创建方案

（一）活动主题

建功有我　不负韶华

（二）活动背景

就业是最大的民生，是社会稳定的重要保障，为促进高校毕业生就业工作，稳定就业大局，从中央到地方都出台了一系列政策，并逐渐释放出良好效能。

党的二十大报告指出，高校毕业生是国家宝贵的人才资源，是促进就业的重要群体。作为高层次人才培养第一线的高等学校，需要紧密结合实际，创新思路举措，千方百计促进高校毕业生多渠道就业创业。吉林省作为教育大省和东北老工业基地振兴的重要引擎，承载着广大吉林青年的就业创业梦想，青年群体的全面发展为社会发展注入了强大的创新力和可持续力。我校作为以培养职业教育师资为主体的应用型高等院校，高度重视毕业生实践能力和综合素质的培养质量，在就业创业教育方面成效颇丰。

立足新时代社会主义建设视角，大学生就业创业能力的良好塑造与有效提升是促进社会创新力发展的有力举措。

所谓协同视域，就是把思想政治教育、专业教育与就业创业教育紧密联系起来，博采众长，助力大学生全面发展，本次研究即在协同视域下探索就业创业教育新路径和新方法，扎实推进"三全育人"工作，以就业创业教育为主题，让思想政治教育深入人心，让专业教育融入生活，力争全面提升就业创业教育水平。

（三）活动目标与意义

1. 活动目标

深入学习贯彻党的二十大精神，发挥思想政治教育、专业教育特色，紧紧围绕"三全育人"理念，全面贯彻落实大学生创新创业的相关政策和文件精神，以学生活动为切入点，以思想政治教育、专业教育、就业创业教育协同育人为着力点，以提高学生就业创业能力为落脚点，举办2023年"就业创业文化节"系列活动，宣传国家和各地区的就业政策，通过学生活动增强教育的感染力，提高学生的主动性，丰富就业创业教育基本内涵，推动就业创业教育融入学生生活，引导学生合理规划个人发展路径，增强发展信心，树立良好的就业创业观念，提升就业创业能力，通过协同育人模式，围绕就业创业教育，积极发挥思想政治教育和专业教育的独特优势，助力学生全面发展。

2. 活动意义

协同育人是"三全育人"的重要组成部分，是全方位育人的有效手段，思想政治教育能够帮助大学生树立"干实事、干大事"的观念，是塑造就业观和人生观的有效途径，专业教育是大学教育的主要组成部分，主要培养学生的专业技能、专业水平，为社会现代化、科技化提供原生力量，二者与就业创业教育深度融合，促进优质教育资源共享，高质量实现学生的全面发展。

（四）创新与特色

第一，研究方法创新。以学生活动为载体，全面采用田野调查法，通过问卷调查统计、谈心谈话、学生自撰心得体会等形式检验系列活动成效，从而指导协同视域下就业创业育人路径规划，并基于学生的真实反响，探索协同视域下就业创业育人的基本内涵、主要目标和重要意义。

第二，研究内容创新。将思想政治教育、专业教育与就业创业教育融合，百花齐放，博采众长，将"三全育人"理念贯穿就业创业教育全过程，将立德树人作为教育的根本遵循。丰富就业创业教育基本内涵，促进各学科教育密切配合，协同育人，为培养社会主义合格建设者和可靠接班人贡献多元力量。

第三，研究视角创新。通过"三全育人"教育理念、思想政治教育、专业教育和就业创业教育相结合的视角，阐述协同视域下高校就业创业育人的现实路径，并基于协同教育模式，充分发挥就业创业教育的内在潜力，提高就业创业育人水平。

（五）申报基础

1. 国家政策方向引领

就业一直是重大的社会问题之一，党的十九大报告曾明确提出，"就业是最大的民生"，面对社会经济转型的现实背景，社会对高校的人才输送需求和要求越来越高，培养符合社会发展需求的人才，成为高校重要且紧迫的任务，2022年，教育部印发《关于做好2023届全国普通高校毕业生就业创业工作的通知》，明确指出要深入推进就业育人，建设高质量就业指导体系，全面加强就业指导，健全完善分阶段、全覆盖的大学生生涯规划与就业指导体系，为学生提供个性化就业指导和服务。

2. 学校政策环境良好

我校作为应用型师范类本科高校，高度重视就业创业工作，在行政管理、教学管理和科研等方面持续调度优质资源，全力做好大学生就业创业工作，并取得了显著成效，我校2022届毕业生就业工作成绩喜人，一次就业率处于省内第一梯队，充分彰显了我校对就业创业工作的高度重视，2023年3月9日，我校发布《2023届毕业生就业工作百日攻坚行动计划》，强调要把就业教育和就业引导作为"三全育人"的重要内容，为提升就业创业教育质量引入思政元素，促进"三全育人"理念内涵式高质量发展。

3. 学院就业工作成绩突出

截至2023年5月12日，新闻与出版学院共26名学生成功考取硕士研究生，考研成功率达到9.4%，创历史新高，11名同学成功通过公务员考试，相关考试成绩名列前茅，在学校党委和学院党总支的坚强领导下，在全体教师的不断努力下，学院整体就业率快速增长，不断开创就业创业工作新局面，为全体同学提供了学习标杆，汇聚了强大的榜样力量，提升了"就业创业文化节"活动的价值内涵。

（六）具体活动流程

"就业创业文化节"系列活动由两大主题活动和六个分支活动组成。

根据学生学习阶段和总体发展阶段，开展"建功立业新时代"和"就业创业我先行"两大主题活动，并根据不同学生群体的特点，在不同时期针对考研、政策性岗位考试、技能提升、创新创业、参军入伍和就业创业心理六大方面开展"研途有我，志在四方""扎根基层，服务人民""一专多能，勤学自强""创业先锋""青春先锋"和"家校同心，伴你成长"六个分支活动，全面贯彻落实"立德树人"根本理念，结合学生成长实际，科学合理划分学生群体，为就业创业精准施策提供有力保障，"就业创业文化节"系列活动均邀请专任教师、优秀校友、参军青年与学生互动交流，将思想政治教育、专业教育和就业创业教育深度融合，使就业创业教育入脑、入心、聚人气。具体活动安排如下：

1. "就业创业我先行"政策宣讲活动

大学生就业创业需要紧密结合国家相关政策和社会发展实际，持续学习相关政策法规。就业政策代表了国家意志，是国家鼓励就业创业的重要手段，一系列就业创业政策可以帮助求职者树立明晰的就业方向，在国家和社会最需要的地方和领域建功立业，为更好地结合学生实际，使就业创业政策宣讲更亲和，更易于接受，特开展"建功立业新时代"政策宣讲活动。

第一，开展就业创业政策学生宣传员招募活动。为了更好地发挥同辈帮扶作用，尽最大可能拓展就业宣讲受众面，培养就业创业政策宣讲小能手，使学生在进行政策宣讲的同时不断地深入理解相关政策，实现个人的成长，学院招募以党员、学生干部、寝室长和参军入伍学生为主体的政策宣讲团，在班会、操场、学生寝室宣讲就业创业政策，积极发挥自身专业优势，拍摄就业创业政策宣传小视频、公众号推文，利用新闻与出版学院强大的融媒体制作平台广泛宣传，提升就业创业政策宣讲效果。

（1）选拔范围：从学生党员、学生干部、寝室长和参军入伍学生以及参与活动较为热情的学生中选拔，已经毕业的优秀学长学姐如能参加宣讲，优先考虑。

（2）基本条件：热爱祖国，拥护中国共产党的领导；遵守宪法和法律，遵守学校规章制度；诚实守信，道德品质优良；责任心强，乐于助人；有耐心、善于倾听，并富有同情心；有一定的沟通能力；有志于发展自我，服务他人。

（3）工作职责：认真学习领会国家和吉林省就业政策，建立政策宣讲台账，结合所在年级的学习阶段，探索分层次、分领域政策宣讲方法，在新生入学季、毕业季、求职黄金期集中开展宣讲，主要内容包括创业政策、参军入伍政策、就业创业法规等。

积极做好宣传，充分利用学院新媒体平台，撰写制作政策宣传稿件及图文和视频，及时关注国家和省市最新就业政策。

做好学生与学校之间的第一道沟通桥梁，帮助同学理解相关就业政策，解答基本问题，并引导学生与辅导员老师和专任教师进一步沟通，更好地实现其个人成长。

第二，开展就业创业政策知识竞赛活动。为了激励广大学生更好地了解就业政策，帮助大学生更好地寻找自身的就业目标，全面了解和把握参军入伍、留省创业等相关优质政策资源，顺应社会发展形势，特举办就业创业政策知识竞赛活动。

（1）参赛对象：全院各班级推荐2人参赛，组成班级团队。

（2）比赛内容：就业创业政策知识竞赛涉及内容包括参军入伍政策、留省就业创业政策、各地区就业优待政策、西部计划、特岗教师、"三支一扶"政策等相关文件和精神。

（3）比赛形式：

初赛环节：采取试卷作答的方式。以每支队伍的平均成绩为根据，选拔前十支队伍进入决赛。

决赛环节：采取现场答题的方式。分为抢答环节和闯关环节，依据答题情况进行分数认定，并形成排名。

第三，开展就业创业情景剧大赛。为了创新就业创业政策宣讲形式，提高学生的积极性，促进就业创业教育与大学生日常生活相融合，使知识更加深入人心，特举办就业创业情景剧大赛。

（1）参赛对象：面向全体学生，1—2个班级为一个剧组。

（2）比赛内容：以校园情景剧为主要呈现载体，充分借鉴真实案例进行表演，以反映大学生在求职期间的心理活动状态。

2."建功立业新时代"思想政治教育活动

第一，举办"伟大事业　伟大梦想"专题就业创业教育讲座。为了不断深化就业创业教育理论深度和实践广度，实现创业教育与社会发展环境的有效联结，提升专业教育和创业教育的时代属性，特邀请专业教师、优秀校友、创业新秀等相关人士举办"伟大事业　伟大梦想"专题就业创业教育讲座。

（1）活动对象：面向有创业意愿的学生。

（2）活动内容：紧密结合专业教育和人才培养方案，针对不同学段的学生，辅助其了解并分析当下行业和社会发展形势，根据专业属性为广大学生提供合理的发展建议和发展方向。

第二，开展"青春心向党　建功新时代"主题征文评选活动。

（1）活动对象：新闻与出版学院全体学生。

（2）活动目的：

①深化政治理论学习，帮助学生深刻领会伟大成就和伟大梦想。

②强化组织认同，增强学生服务社会的责任感和使命感，切实提高思想政治素养，提升就业创业主动性和积极性。

③强化仪式感召力，通过此类活动，号召青年学生不忘初心、牢记使命，积极投身新时代中国特色社会主义建设。

（3）活动奖励：学生个人参赛，设置一、二、三等奖，优秀征文将推荐参加省市相关活动，所有参赛作品集成为征文集，方便更多同学阅读和了解。

3. 六大分支活动

第一，"研途有我，志在四方"学风建设活动。为全面贯彻落实学校关于开展学风建设工作的总体部署和要求，深入推进学院学风建设工作，引导学生树立正确的学术理想和信念，全面提升我院学生的学术素养，特举办"研途有我，志在四方"学风建设活动。

（1）活动对象：面向有考研意愿的学生。

（2）活动内容：邀请往届考研成功的学长学姐进行考研经验分享，辅助制定个性化学业规划，以学院优质科研平台为依托，邀请校内外研究生导师不定期开展学术讲座。

第二，"扎根基层，服务人民"政策性岗位主题宣讲活动。政策性岗位招聘是青年学子投身社会主义建设的良好机遇，是青年人施展才能的绝佳平台，为了更全面地宣传政策性岗位招聘及考试的基本流程和知识，引导学生到祖国最需要的地方建功立业，特举办"扎根基层，服务人民"政策性岗位主题宣讲活动。

（1）活动对象：面向学院全体学生。

（2）活动内容：分为招聘情况解读、政治理论宣讲、先进事迹陈述、应试经验与技巧四大板块，邀请往届公考成功学生、行业讲师、校内外思想政治教师等专业人士进行宣讲。引导大学生群体了解基层、向往基层，立志服务基层，促进高质量就业。

第三，"一专多能，勤学自强"专业技能提升策略主题活动。我校作为应用型本科师范类高校，始终将专业技能的培养作为人才培养的重点，专业技术能力是学生参与社会生产实践活动的重要价值体现，为了引导更多学生学好技能、钻研技能，形成"人人有技能、处处学技能"的良好氛围，特举办"一专多能，勤学自强"专业技能提升策略主题活动。

（1）活动对象：面向学院及校内想从事新闻媒体行业工作的学生。

（2）活动内容：邀请我院"全国技术能手"荣誉称号获得者及团队做专业技能成长经验分享，邀请学院相关实验室和教研室主任针对不同细分领域进行简要介绍。

第四，"创业先锋"创新创业主题教育活动。创新创业教育是面向学生的教育、面向社会的教育，身处象牙塔的大学生对于创新创业知识的获取来源主要在课堂上，自身创业实践机会较少，试错成本较高，为了向有创业意愿的同学更好地提供专业指导，呼吁更多学生创业，积极搭建"第二课堂"平台，特举办"创业先锋"创新创业主题教育活动。

（1）活动对象：面向全校各专业学生。

（2）活动内容：邀请往届创业成功学生开展创新创业经验分享，邀请负责就业工作的相关教师做创新创业政策宣讲，活动过程中注重学生间的交流互动，让思维的融合汇聚成强大的团队，造就不平凡的成绩。

第五，"青年先锋"征兵宣传主题教育活动。为了全面贯彻落实国家及地方各级部门对于大学生参军入伍工作的通知要求，进一步号召广大青年参军报国，提升入伍政策宣传效果，特举办"青年先锋"征兵宣传主题教育活动。

（1）活动对象：面向具有入伍意愿及意向报考军队文职的学生。

（2）活动内容：邀请退役大学生士兵做主题宣讲，邀请武装部相关教师或工作人员做入伍最新政策解读。

第六，"家校同心，伴你成长"就业创业心理辅导主题活动。大学生就业思想动态是做好就业创业工作的重点，是就业创业教育个性化、精准化教育模式的重要主体，为进一步做好大学生心理健康教育，结合就业创业教育工作，特举办"家校同心，伴你成长"就业创业心理辅导主题活动。

（1）活动对象：家庭困难、就业困难及存在其他方面困难的学生。

（2）活动形式：以辅导员为主体，以往期心理教育工作和就业工作相关数据为依托进行一对一或群体辅导，注重保护学生隐私，在辅导过程中侧重于对就业创业能力和发展规划方面的辅导，形成谈话记录，提炼问题，邀请相关教师为广大同学分析解读。

（七）活动实施的技术路线图（图3-6）

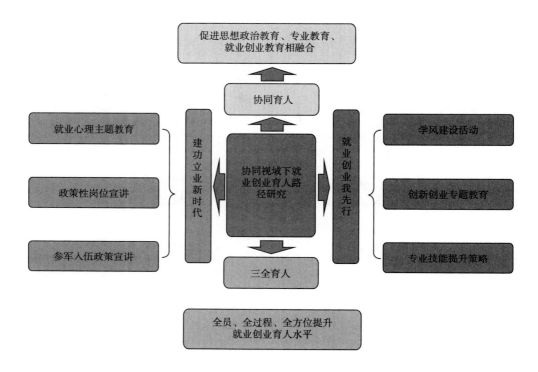

图3-6　新闻与出版学院协同视域下就业创业育人活动实施技术路线

（八）保障措施

本案例的保障措施除国家政策方向引领、学校政策环境良好外，学校领导还高度重视此项工作，在资金上给予大力支持，以保障此次活动的顺利开展。

（九）活动经验与启示

就业创业教育是一项长期的工作，在协同视域下，将各教育形式与就业创业教育结合起来，有利于更好地落实"全方位育人"的工作要求，打破各教育形式之间的隔阂，博采众长。近年来，学校和学院高度重视"三全育人"工作，不断创新就业创业教育形式，学科建设取得新成效，专业知名度不断提高，下一步，我院将继续结合专业发展特色，使就业创业工作更有深度，更有温度，取得更大的成效。

【优秀案例九】

"五位一体"模式下大学生爱校情怀的探索与实践
数据科学与人工智能学院 马老师

一、活动简介

"家"文化的核心是让学生成为高校这个"家"的主人，以家庭一份子的身份参与学校教育、管理与服务。同时将"互助""沟通""和谐""发展"等元素融入思想政治工作中，通过打造家之"居"、构建家之"序"、传承家之"学"、创新家之"教"、担当家之"责""五位一体"的模式，让学生既感受到家的温馨，又担起家的责任，从而不断增强对母校的认同感、归属感和荣誉感，在自然中沉淀对母校的深厚感情，以达到培育"爱校情怀"的目的。

二、活动创建方案

（一）活动主题

爱校如家 强校有我

（二）活动背景

当前在校大学生以"00后"为主体，他们中的绝大多数为独生子女，从小养尊处优，在社会安定、物质丰裕的环境中成长，沟通意识、合作能力、集体荣誉感等较为缺乏。虽然多数大学生能意识到学校为他们创造了良好的学习环境，但也有部分大学生的学校感恩意识淡薄、对学校管理逆反，甚至做出有损学校形象和声誉的行为，主要表现在以下几方面：一是他们对学校的满意度低；二是他们思想比较功利，对学校教学、后勤、学生工作等不理解，体会不到学校及教职工付出的心血和努力；三是他们参加校园文化活动不积极，只想获取不讲奉献。出现这些不良表现的原因很多：一方面是学校硬件条件、教学质量、学生管理、后勤服务、就业情况、社会舆论、校生沟通、学生认识偏差等在大学生心中的综合反映；另一方面，也说明大学生"爱校情怀"淡漠甚至缺失。因此，培育这部分大学生的"爱校情怀"是高校思想政治工作的重要课题之一。

（三）活动目标与意义

近年来，随着国家对高等教育投入的不断增加，各高校对校园文化建设的重视力度加大，加强校园软硬件建设，不断修建和完善各类教学、生活设施设备，为大学生提供良好的学习、生活环境。同时，利用校园内的各种资源和学生身边的现实案例，加强教育，让学生认同所学专业，认同所在院系，进而加强对学校的认同，做到知校、爱校、荣校，将个人的学习、生活同学校的稳定、改革和建设、发展结合起来，做到"校兴我荣，校衰我耻"，从而达到爱校教育的目的。在爱校教育的同时，加强学生的理想、信念教育，树立学生的责任意识、政治意识、民族意识、国家意识，切实解决学生个人的心理困惑和现实困难，帮助学生健康成长、顺利成才，以逐步实现对大学生思想政治教育的培养目标。

当下正处于国家政治体制改革的攻坚期和经济体制改革的转型期，价值观的多元化成为普遍现象，它使大学生对同一事物会有不同的认知角度，进而产生不同的认知结果。"00后"大学生是受社会自由化思潮冲击较大的人群，开展大学生爱校教育活动，深化学生对校园内的景物、对发生在身边的人和事的认识，具有很强的现实针对性。因客观的存在易接受和理解，所以通过这样由实到虚、由表到里的逐渐影响和熏陶，能够逐步实现对大学生思想政治教育的目的。

（四）创新与特色

（1）家的理念已经深入每个中国人的血液中，影响一个人的价值观，将中国传统"家"文化融入日常思想政治工作中来培育大学生的"爱校情怀"。

（2）结合网络思想政治育人平台体系，在"易班"平台线上开设思想政治教育、校园文化、爱校教育等模块，形成学校与学生、教师与学生、学生与学生之间互相帮助、互相信任、相互欣赏、互相学习、和谐中求发展的良好氛围。

（五）活动流程

1. 打造家之"居"

家有所居才能心有所依、情有所寄，通过打造与美化"居"所，产生家的归属感。

（1）寝室之"居"：美化寝室创意比赛、打造温馨驿站。

（2）活动之"居"：充分挖掘校内资源，建设"学生干部之家""社团之家""活动室"等，以小家为依托，培养"大家"情感。

（3）暖心之"居"：设立"暖心屋"，通过暖心屋向思想政治工作者寻求帮助，解决生活、学习、工作、心理健康、就业等各方面的问题，也可以设置"宣泄室"，帮助个别学生排解压抑的心情。

2. 构建家之"序"

家庭中每个人都扮演着不同的角色，父母子女、兄弟姐妹，正所谓长幼有序，这个序就是"家规"。"家规"，首先要建立成文的制度"硬规则"，包括校规、院（系）规、班规、舍规、社规等，只有具备良好的制度文化才能保障"家庭"正常运行，既要有家的自由，也要有"家规"的约束。

（1）拍摄《吉林工程技术师范学院文明公约》宣传片。

（2）"一屋不扫何以扫天下"主题活动。

3. 传承家之"学"

（1）开设"校友讲坛"，邀请优秀校友返校为在校生开讲，以自身经验、经历以及成长历程解答在校生学业、职业与人生规划方面的困惑。

（2）"高校光辉史"主题活动。

（3）"爱校薪火相传"主题活动。

（4）"校史文化节——寻找工师最有韵味的物件"主题活动。

4.创新家之"教"

思想政治工作者在科研和专项工作中，采取品牌管理，在品牌中与学生一起研究、创新，鼓励一起立项、共同发表论文，实现教学相长。

（1）校训征文比赛。

（2）"最美工师人"评选宣传活动。

（3）"工师带给我的感动"主题活动。

5.担当家之"责"

作为"家庭"的一份子，应该有一定的责任与担当。在思想政治工作中，要让大学生担起"家"的责任。首先，在工作中要秉持"创新·实践·源自学生"的理念。校园文化活动以学生为主导，将主动权交给学生，让大学生自觉肩负起建设校园文化的重任。其次，强化"自我发展、自我完善、自主管理"意识，除学生干部和党员外，让更多大学生参与到学校教育、管理与服务中，在与学校共同承担的过程中树立责任意识，与学校荣辱与共，共谋发展。最后，在思想政治队伍中落实"以心为本"理念，强化对学生负责的意识，切实快速、有效地解决大学生的实际困难，以家长的心态与责任，营造视校如"家"的氛围。

（1）"诵校风 咏校情"主题活动。

（2）"最美校园"摄影展览宣传活动。

（六）技术路线图（图3-7）

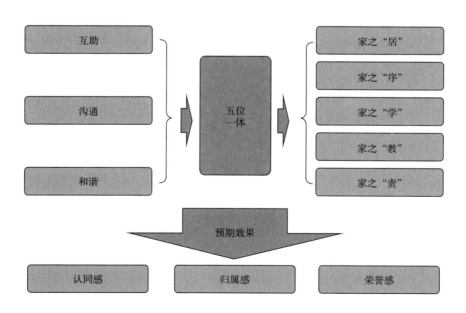

图3-7 数据科学与人工智能学院爱校主题教育活动实施技术路线

【优秀案例十】

探索师生协同模式下学风建设新途径
生物与食品工程学院　车老师

一、活动简介

基于学院"一院一品牌"特色品牌，围绕"薪火计划""远航计划"两大计划，结合我院"三联促三学"教育特色开展"教育教学联动增强'导'学""家校联动促进'督'学""朋辈联动促进'伴'学"，意在通过教育教学联动、家校联动、朋辈联动，打造更为专业化、精准化和全程化的考研指导，提高毕业生的考研录取率和录取质量。

二、活动创建方案

（一）活动主题

"薪火"点燃梦想，"研"途修筑未来

（二）活动背景

2023年全国硕士研究生招生考试于2022年12月24日到26日举行，全国报考人数为474万，比2022年增长17万人，同比增长为3.60%。2022年比2021年增长80万人，同比增长为21.22%，2021年比2020年增加了36万人，2020年考研报名人数比2019年增加了51万人。相关数据表明自2016年起，我国考研人数在高位上保持高增长趋势。

与考研人数增势不同的是，各大高校每年招生数量的增势较报考人数远远不够，2023年不到两成的录取率就是最直观的证明。研究生报名热度如此高涨，就业压力是重要因素。

而我校近三年毕业生升学、出国（境）留学人数占比较之前都有较大提升。基于我院毕业生就业主动性不强、就业能力亟待提升、普遍集中于考研升学的就业情况，我院多措并举"抓学风、强考研、促就业"，有效助力学子的深造梦，不断提高毕业生的考研录取率和录取质量，以及提升学院的办学美誉度和社会影响力，切实提升我院就业水平，有效促进我校学子高质量就业。

（三）活动目标与意义

1. 活动目标

习近平总书记强调，研究生教育是国民教育体系的顶端，是推进人才强国战略和培养高层次人才的重要保障。通过积极构建全员、全过程、全方位育人的学风建设工作体系，推进"三联促三学"教育行动，精密考研指导工作，促使我院学子高起点谋划职业生涯，提升我院学子学习主动性和学习目的性，切实提升人才培养质量，实现考研质量、数量双提升。

2. 活动意义

本次活动以"'薪火'点燃梦想，'研'途修筑未来"为主题，结合我院"三联促三学"教育特色，通过"教育教学联动增强'导'学""家校联动促进'督'学""朋辈联动促进'伴'学"活动的开展，营造更为积极向上的学习氛围，进一步坚定我院学子的考研决心，引导学生早立志、早规划、早行动。

（四）研究的创新之处

（1）我院推行以学生党支部为依托，通过党课形式教育的"薪火计划"，以"1+1+1伴你成长、伴你行"导师团队为中心，针对学生的个性差异，因材施教，尽早帮助学生树立正确的考研观念，找到符合自身的目标定位。

（2）我院积极为考研的同学开发考研小程序，让同学们更高效、更科学地复习，上传免费直播课堂、考研复习资料以及组建专业的教师团队进行在线答疑。

（五）具体活动方案

全面铺设"三联促三学"教育模式。"三联"即教育教学联动、家校联动、朋辈联动，"三学"为导学、督学、伴学。

第一，教育教学联动增强"导"学。

1. 开展"强国有我，勤奋好学，励志成才，考研必胜"主题活动

"三会一课"由学生党支部引导思想政治化学习，是由支部党员大会、支部委员会、党小组会、党课组成，通过定期开设党小组讨论会，可以实时了解同学们的考研情况，并分享近期相关时事政治资料；并通过定期开展党课，纠正考研同学有关政治学习的方向，打好考研信息差。另外，我院还新增形势与政策理论课程，使考研政治实现"普遍化"，降低我院学子后续考研入门难度。

2. 开展"驰舟渡学海，'研'途破万浪"考研交流分享活动

"驰舟渡学海，'研'途破万浪"主题活动吸引我院考研学子广泛参与，通过主题演讲、幻灯片展示等形式，考察学生的资料搜集能力、文献整理能力以及文字语言表达能力。参赛选手们在活动中表现优异，并不断探索、总结经验，积极收集整理考研相关资料，包括历年真题、复习资料、考研课程、报考流程等，形成了一套行之有效的考研资料收集整理方法，为我院考研学子提供了内容翔实、质量考究的考研资料库，为本次活动的顺利开展和考研工作的推进做出了积极贡献。

第二，家校联动促进"督"学。

1. 定期开展"为心赋能，筑梦考研"心理辅导活动

定期开展考研心理辅导活动，询问并解决我院考研学子在考研路上遇到的"学习""生活""家庭""学校"等方面问题，活动开展时积极联系考研学子的家长，以此帮助考研学子减轻心理压力，增强心理调适能力，引导大家以更积极的心态快乐备考、科学备考。

2. 开设"词"之以恒英语单词打卡活动

报名参加活动的同学加入相应微信群，使用百词斩、扇贝、不背单词等英语App，

每天背诵不少于30个单词（包括节假日），然后完成打卡界面截图。准备考研的同学打卡背诵考研英语单词，且每天单词打卡的单词数必须达到30个以上方能记入本活动的活动次数之中。若没有满足30个单词，则打卡无效。坚持参与并完成单词打卡的同学，将按照最后背诵单词总数，评出一、二、三等奖和优秀奖，并在后期进行结果公示。获奖的同学可以获得相应的奖状。

第三，朋辈联动促进"伴"学。

1. 开展"'研'续青春梦，奋斗正当时"考研动员活动

通过开展考研大会，助力我院学子了解考研形式，坚定考研信心。鼓舞我院学子以更加积极的心态迎接考研征途，并邀请我院历届考研成功的学长学姐录制其研究生在校学习生活，旨在通过朋辈支持，使我院预备考研或者考研决策不稳的同学对研究生院校有一个更为直观的了解，继而与自己期待的未来进行对比，以此坚定考研的想法，提高自驱力，真正意义上做到"为自己学，为自己考"。

2. 定期开展"'研'途引航，赋能前行"专业辅导活动

邀请专业老师定期加入线上或线下考研自习室，为我院考研学子解答专业上的难题，同时无形之中也为我院学子树立了学习的榜样，让学生之间形成积极向上的学习风气，有助于形成良好的考研氛围。各专业考研志愿者依次进行每日一题讲解，收集制作成共享学习本，组织考前复习讨论和考后总结会，强化学习发展支持，切实解决学生在学习中的困难。

（六）技术路线图（图3-8）

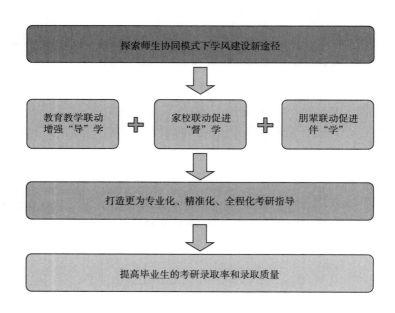

图3-8 生物与食品工程学院探索师生协同模式下学风建设活动实施技术路线

第六节
"一人一特色"品牌培育技术路线

"一人一特色"品牌的培育是一个系统化的过程，旨在通过个性化、特色化方式提升辅导员的工作效能和职业形象。

一、明确目标与定位

明确辅导员个人品牌培育的核心目标，摸清自身定位，找到自己的专长，在实践锻炼中探索自身独特的工作模式及处理学生日常事务的独特方式。进行自我评估，识别个人优势及劣势，探索自身潜在的发展空间，为自身独特品牌定位打好基础。

二、制订培育计划

利用学校、学院及个人资源，识别自身具有的独特性、创新型工作形式及内容，结合个人的教育理念，形成具有鲜明特色的工作模式，挖掘自身工作过程中的精神内核及文化内涵，清晰阐述"一人一特色"的核心价值，制订详细的个人特色活动计划。

三、具体培育过程

根据调查结果，总结整理出各学院辅导员的"一人一特色"项目培育现状，总结品牌培育的成功经验与启示，探究各学院辅导员育人效果，分析在品牌培育建设过程中存在的问题，提出针对性的策略及意见，从而探索"一人一特色"学生工作品牌培育的创新路径和方法，对好的做法进行价值推广，将"一人一特色"品牌内涵融入课堂教学和日常思想政治教育管理中。

四、总结培育成果

总结"一人一特色"项目培育的经验及成果，为其他高校辅导员的学生工作提供借鉴，有效利用网络新媒体等平台对"一人一特色"品牌进行推广，扩大品牌影响力和传播范围，运用"三微一端"等渠道分享辅导员工作心得、成功案例及品牌故事等（图3-9）。

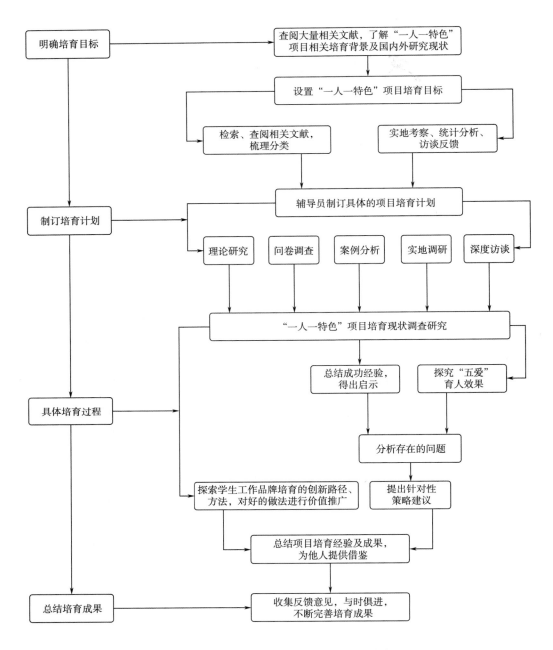

图3-9 "一人一特色"品牌培育技术路线

第七节
"一人一特色"品牌培育成果

通过开展"一人一特色"活动，实施价值引领工程，这是一个循序渐进、有针对性的教育过程，旨在强化学生的价值取向、价值认同和价值实践。吉林工程技术师范学院"一人一特色"品牌，根据学生的不同年级和不同阶段，设计了不同的教育活动主题和内容，针对每位辅导员所带领的不同年级，开展了系列教育活动，使得教育效果具有连贯性、有效性。大一阶段重点进行诚实守信、爱国守法、敬业奉献教育；大二阶段注重学生的专业学习和道德公德的养成；大三阶段着重于爱岗敬业、实习就业能力提升等方面的教育培训，帮助学生树立正确的世界观、人生观和价值观。

一、品德教育得到有效实施

部分辅导员"一人一特色"品牌融入了理想信念教育、公民品格教育、职业素养教育、道德品质教育，依托校内外的实践基地，将公民品德教育与人格培养教育相融合，帮助学生塑造良好品格，"一人一特色"品牌使这种教育不仅仅局限于课堂的讲述，而是通过各类社会实践活动，让学生在亲身体验中感悟理想信念的重要性，培养学生的社会责任感和公民意识。

二、红色基因融入思政教育取得实效

"一人一特色"品牌活动将党的优良传统和革命精神融入思想政治教育中，辅导员通过组织学生学习党的历史、革命先烈的英雄事迹，让学生深入了解了红色基因的丰富内涵和时代价值，通过组织学生参加红色教育实践活动，让学生深刻体验红色文化的深刻内涵，增强了学生的历史感与现实感，培养了学生团队的合作精神和艰苦奋斗品质。

三、就业辅导取得成效

通过开展"一人一特色"活动，辅导员邀请行业专家举办讲座、组织学生参加职业技能培训等方式，提升学生的职业素养和就业竞争力，注重培养学生的职业道德和职业操守，使其在未来的工作中能够秉持诚信、敬业精神，为社会做出贡献。学生们通过实际参与，增长见识，树立了正确的就业意识，培养了端正的择业观与就业观，学生的职业生涯规划教育同样取得了显著成效。

【优秀案例一】

新闻与出版学院刘老师的"一人一特色"品牌自申报以来，就业创业育人系列活动均成功开展，收获了学生的一致好评，主要开展的主题包括研考、政策性岗位宣讲、专业技术发展、应征入伍四大方面，品牌成果形式以活动策划、总结为主，活动主题鲜明，与学生就业实际联系较为紧密，更加符合学生需求，通过完整的策划和总结，形成一套较为完整的就业创业育人系列活动方案，让学生活动成为促进毕业生就业的有效教育形式。相关活动具体情况如下。

"研途有我、志在四方"活动

组织单位及举办人：新闻与出版学院　刘老师

举办时间：2023年5月

举办地点：报告厅

覆盖范围：2020级、2021级学生

一、活动背景

随着考研人数的逐年增加，越来越多的考生需要了解考研的备考策略、答题技巧和面试技巧。为了帮助考生们更好地备战考研，我们计划举办一场考研经验分享活动，邀请优秀的考研前辈们分享他们的备考经验和心得。

二、活动目标与意义

本次活动面向新闻与出版学院2020级、2021级学生，目的是为考生们提供一个交流学习的平台，帮助他们了解考研的备考策略、答题技巧和面试技巧，同时通过互动交流，解除他们在备考过程中的疑惑，增强他们的信心，为他们的考研之路提供有力的支持。

三、具体活动流程

1. 活动开场

主持人介绍活动背景和目的，欢迎老师和学生的到来。

2. 经验分享

邀请3位考研成功学生分享他们的备考经验和心得，包括备考策略、答题技巧、面试技巧等。每位前辈分享时间为15分钟左右。

3. 互动交流

在经验分享环节结束后，为考生们提供自由提问和交流的时间，让他们可以向前辈们请教备考过程中的疑惑和难题。

4. 活动结束

主持人总结本次活动的内容和收获，为考研成功学生代表颁发奖品和证书，鼓励考生们在备考过程中不断坚持和努力。

四、活动图片（图3-10~图3-12）

图3-10　新闻与出版学院2023年考研表彰暨2024年考研动员启动大会

图3-11　新闻与出版学院考研学习经验分享交流活动（一）

图3-12　新闻与出版学院考研学习经验分享交流活动（二）

五、活动经验与启示

1. 确定个人目标和动机

在准备考研前，明确自己的目标和动机是非常重要的。通过参与经验分享活动，学生可以了解到自己所追求的目标和动机是否足够强烈和当下努力的程度，这是促进学生在就业过程中实现"自省"的重要条件。

2. 了解考研考试内容和形式

在准备考研前，要向学生介绍考试的形式、内容和评分标准。通过经验分享活动，学生可以了解到这些信息，从而更好地制订备考计划。

3. 制订备考计划和策略

在经验分享活动中，参与者可以分享他们的备考计划和策略，包括时间管理、复习方法、做题技巧等。通过学习他们的经验，学生可以了解到一些有效的备考策略，并根据情况制订适合自己的备考计划。

4. 保持积极心态和良好状态

考研备考过程可能会非常困难，且压力重重。在经验分享活动中，参与者可以分享他们如何保持积极心态和良好状态的经验，包括如何应对挫折、如何保持动力、如何调整情绪等。通过学习他们的经验，学生可以了解到一些有用的方法，来帮助自己保持积极心态和良好状态。

5. 建立社交网络和支持系统

考研经验分享活动也可以是一个社交机会。通过与其他的考生交流和互动，学生可以建立联系，并找到一些志同道合的朋友。他们可以成为每个学生的社交支持系统，帮助学生度过困难时期。

六、辅导员在活动中发挥的作用

做好学风建设工作是辅导员的一项重要职责，辅导员由衷地希望已经考研成功的学生为其他学生分享经验，力争在新的一年取得新的突破。在活动前夕，辅导员通过联系考研成功的学生，逐一确定汇报主题，严格把关汇报内容，依据考研意向调查表，有选择性地为考研成功学生提供符合学生需求的汇报选题，组织学生干部，在学院团委的指导下筹备活动各项事宜，购买奖品。在活动后期，为考研成功学生与其他学生搭建交流平台，依据多场考研经验分享会，评估活动效果，总结经验不足，进一步积累学生干部队伍的工作经验。

政策性岗位宣讲活动

组织单位及举办人：新闻与出版学院　刘老师

举办时间：2023 年 11 月

举办地点：第一教学楼

覆盖范围：2024届毕业生

一、活动背景

随着社会对政策性岗位的关注度不断提高，为更好地满足广大毕业生对政策性岗位的了解需求，我们特策划一场政策性岗位宣讲活动。本次活动旨在使参与者更深入地了解政策性岗位的特点、要求、待遇及发展前景，为有志于从事政策性岗位的学生提供全面的咨询服务。

二、活动目标与意义

（1）提高学生对政策性岗位的认知度，加大政策宣传力度。

（2）促进有志于参加政策性岗位考试的学生之间的交流与互动。

（3）搭建沟通的桥梁，提升学生政策性岗位考试的成功率。

三、具体活动流程

1. 开场环节

主持人将对活动背景、目的及嘉宾进行简要介绍（10分钟）。

2. 主题演讲

我们将邀请往届考公、考编成功的学长、学姐为大家详细讲解政策性岗位的特点、要求、待遇及发展前景，部分为线上形式演讲。

3. 互动环节

现场观众可针对政策性岗位的相关问题进行提问，学长、学姐将予以解答。

4. 活动总结与结束

主持人将对活动内容进行总结，并对参与活动的嘉宾及观众表示感谢。

四、活动图片（图3-13、图3-14）

图3-13 新闻与出版学院政策性岗位宣讲活动（一）

图3-14 新闻与出版学院政策性岗位宣讲活动（二）

五、活动经验与启示

通过此次活动，我们得到了以下几点经验：

（1）前期准备工作要充分。在活动前，辅导员需要提前联系好往届优秀校友，务必确定好宣讲内容和时间、地点等细节。同时，也需要对参加人员进行初步的统计，必要时可以征集意向，以便更好地安排宣讲内容和形式。

（2）优秀校友的选拔要具有针对性，以共产党员为主，重点选择成功考取与本专业相近岗位的优秀校友，在部分情况下可以引导学生将专业与职业发展相结合，进而挑选出更适合自己专业的岗位。

（3）活动形式要多样化。在宣讲过程中，可以采用多种形式进行讲解和互动交流。比如，PPT演示、案例分析、问答互动等。这些形式可以让听众更加直观地了解宣讲内容，同时也可以促进听众的参与和交流。

（4）活动效果要持续跟进。在活动结束后，需要对活动效果进行评估和总结。同时，也需要对听众进行后续的跟踪和调查，以便更好地了解他们的需求和建议。

通过此次政策性岗位宣讲活动，我们可以得到以下几点启示：

（1）高校应该加大对政策性岗位的宣传和推广力度。通过各种途径和渠道宣传政策性岗位的相关知识和政策，提高学生对相关岗位的认识和了解程度。

（2）高校应该加大对政策性岗位的教学和研究力度。通过开设相关课程和开展研究等方式培养专业人才和提高研究水平，为政策性岗位的发展和应用提供支持。

六、辅导员在活动中发挥的作用

政策性岗位主要包括公务员、事业单位、教师岗位等招聘工作，毕业生辅导员是就业工作的中坚力量，在此次活动中，辅导员是平台的搭建者、沟通渠道的搭建者，通过邀请往届考公、考编的优秀校友，不仅能够为计划参加政策性岗位考试的学生提供最新的考试技巧，也能够引导更多学生根据自身情况，审慎选择职业发展道路。

"一专多能，勤学自强"专业技能提升策略活动

组织单位及举办人：新闻与出版学院　刘老师

举办时间：2023年9月

举办地点：第一教学楼

覆盖范围：2020级、2021级学生

一、活动背景

专业技术能力是学生参与社会生产实践活动的重要价值体现，为了引导更多学生学好技能、钻研技能，形成"人人有技能、处处学技能"的良好氛围，举办"一专多能，勤学自强"专业技能提升策略主题活动。

二、活动目标与意义

本次活动面向新闻与出版学院2020级、2021级学生，目的是引导学生寻找自身兴趣点，促进个人技能的提升，提升专业兴趣和专业吸引力，让更多学生能够借助专业技能来成就自己、发展自己。

三、具体活动流程

1. 活动开场

主持人介绍活动背景和目的，欢迎师生的到来。

2. 教师演讲

邀请新闻与出版学院教学副院长、实践副院长为大家讲授专业能力发展规划。

3. 互动交流

在专业学习经验分享环节结束后，为学生们提供自由提问和交流的时间，让他们可以向教师和其他学生请教专业学习过程中的疑惑和难题。

4. 活动结束

主持人总结本次活动的内容和收获，鼓励广大学生在专业学习过程中取得更好的成绩。

四、活动图片（图3-15、图3-16）

图3-15　新闻与出版学院专业技能提升策略活动（一）

图3-16　新闻与出版学院专业技能提升策略活动（二）

五、活动经验与启示

1. 要设定清晰的时间表，做好内容预告宣传工作

专业技能提升策略活动需要有一个清晰的时间表，包括具体的日期、时间、地点和活动流程。这有助于参与者更好地规划他们的时间，并确保活动按时进行。

2. 培训内容要符合学生的需求

了解学生的需求和兴趣是关键。通过活动前后的调查或反馈，了解他们需要提升的技能和知识，然后根据这些需求为活动内容的制定提供参考。

3. 要注重活动后的持续跟进

活动结束后，需要持续跟进学生的学习成果和应用情况。这可以包括班会、社团活动、学习经验分享会，或者通过在线平台进行交流。

4. 建立持续的学习文化氛围

以学风建设为抓手，鼓励学生将所学应用于实习、实践，同时为他们提供持续学习的机会。这可以通过定期组织班会、集体学习小组或专业讲座来实现。

5. 要凸显全员育人理念

办好专业技能提升策略活动，专业课程教师团队、学工团队、学院科研团队和实践教学团队要紧密配合，围绕专业技能提升主题活动，持续开展具有较强专业方向属性的团体研讨和交流会，进一步细分学生在专业学习领域的群体画像。

六、辅导员在活动中发挥的作用

在活动前夕，辅导员联系院系相关领导，说明了活动目的，并根据在学生管理过程中发现的问题，与相关领导和教师商定了演讲的选题，组织学生干部确定好场地、人数，做好宣传工作，凭借"部校共建"新闻出版学院平台优势，带领学生前往东北师范大学、吉林广播电视台参加学术讲座和实践活动，在活动后期，通过与学生的广泛接触，结合考前诚信教育、班级学风建设等，与个别学生进行了专业能力发展规划方面的谈心谈话。

"青年先锋"征兵宣传主题活动

组织单位及举办人：新闻与出版学院　刘老师

举办时间：2023年11月

举办地点：凯旋校区第一教学楼、第二实验楼

覆盖范围：2024届毕业生

一、活动背景

青年学生是国家未来的栋梁之材，他们具有较高的文化素养和专业能力。通过征兵宣传活动，可以让他们了解参军入伍的重要性和意义，激发他们的爱国热情和责任感，为了鼓励新闻与出版学院更多优秀学生参军报国，配合学校征兵宣传工作，我们决定举办这次"青年先锋"征兵宣传主题活动。

二、活动目标与意义

（1）宣传征兵政策和相关法律法规，提高青年参军报国的意识。

（2）展示军队的建设成果和军人的风采，增强青年对军队的认同感和荣誉感。

（3）提供咨询和报名服务，方便学生了解征兵流程和要求。

三、具体活动流程

1. 主题演讲

邀请退役大学生士兵进行主题演讲。

2. 展览展示

播放相关视频，展示军队良好风貌。

四、活动图片（图3-17、图3-18）

图3-17　新闻与出版学院"青年先锋"征兵宣传主题活动（一）

图3-18　新闻与出版学院"青年先锋"征兵宣传主题活动（二）

五、活动经验与启示

1. 注重互动性和趣味性

征兵宣传主题活动不仅要强调国防教育和征兵政策的普及，还要注重互动性和趣味性，让学生能够积极参与其中。例如，可以组织军营实地参观等活动，让学生亲身体验军旅生活，激发他们的爱国热情和参军意愿，将实地考察与征兵入伍宣传紧密结合，会更丰富活动的内涵。

2. 强化服务意识

征兵宣传主题活动不仅是面向学生的宣传教育活动，也是为学生提供服务的重要平台。活动并不是做好征兵宣传工作的唯一载体，在活动开展后，要注重强化服务意识，关注学生需求，在心理上、学生资助等方面为他们提供必要的帮助和服务，增强他们对国防事业的认同感和归属感。

3. 大力弘扬榜样力量

做好征兵宣传工作，学生活动只是一部分，在日常的学习和生活中要充分利用好退役大学生士兵的朋辈力量，以问题为导向来开展相关活动，让家国情怀和参军报国意识得到传承和发扬，让活动更加具有针对性和实效性。

六、辅导员在活动中发挥的作用

在此次征兵活动中，辅导员搭建了良好的交流平台，主要由辅导员、退役大学生士兵、有参军意向的学生以及学校相关部门负责人构成。在活动前夕，组织学生、学生干部制定策划，研究商讨活动细节及突发情况预案，确定演讲时间和地点。在活动中期，组织学生团队拍摄照片、维持会场秩序，并统计在场学生名单，依据人员名单，在活动结束后对个别学生进行谈话并随时解答征兵工作的相关问题。

【优秀案例二】

电气与信息工程学院杨孟雪的"一人一特色"品牌围绕"00后"学生心理健康需求，借助品牌式心理班会平台，运用多种方式实施了"品牌式心理班会在'00后'大学生班级建设中的实践与探索"品牌。实施过程中，采用了"人人参与"原则，班级同学、学生干部以分小组的方式参与到品牌式心理班会中来，极大地调动了学生们的参与积极性，他们也对心理班会极度重视。最终实现了以下目标：

（1）把每一次的心理班会当作"品牌"，通过策划—分组—展示—总结四个阶段开展，从而促进学生的情感交流和内心体验，实现"知、情、意"的提升，对于增强班级的凝聚力，提升大学生团队协作精神，拓宽高校班级的建设提供了新的探索之路。

（2）根据学生心理特点，使用团体心理辅导的方法和技术，激发大学生的内在主动性，让学生可以在自由、安全的心理氛围中释放心理压力，更快地提升班级学生综合能力，增强班级弱势群体在班级内的适应力，促进其自信心的回归。

（3）借助"品牌式"心理班会的契机，从而加快辅导员管理高校班级"专业化"的进程。

在开展了多次品牌式班会后，总结出每一次品牌式班会都需扎实做好前、中、后期工作，各阶段工作环环相扣。首先，要在开展品牌式心理班会前，确定品牌式心理班会管理制度，并召开专业学生动员大会，讲解召开品牌式心理班会的意义、目的、相关管理奖励制度，为后期品牌式心理班会开展做好充分的思想动员工作。其次，需要选择合适的班会形式和主题，既要贴切时代需求，也要匹配"00后"学生的需求，鼓励学生们创造新的形式，根据每期主题布置不同的会场，包括多媒体设备的调试、PPT的试放、黑板内容的撰写、互动环节的道具、人员准备等。最后，在每期品牌式心理班会结束之际，要形成电子档和纸质版的总结性材料，主要包括品牌式心理班会的分组名单、每期点评嘉宾、班会策划、现场照片、班会总结等，并交予班级管理人员存档，为后期学期末总结展示积累充分的素材，促进品牌式心理班会的不断改进和完善。

综上所述，高校辅导员要抓住学生心理健康教育新阵地，必须充分认识到品牌式心理班会在学生心理健康教育工作中的重要性。我们需要围绕"00后"学生的心理健康需求，帮助他们解决心理困惑，提升团队协作能力，促进学生心理健康成长，推动班级良好建设。

【优秀案例三】

教育科学学院"一人一特色"品牌为高校基层团组织美育素质建设。美育素质教育是新时代国家培育全面发展的高素质人才的必要途径，也是完善公民人格、营造积极向上的社会氛围、促进我国精神文明建设的重要手段。本次素质提升系列活动整体围绕"立德树人"根本任务，结合学院团委具体工作，旨在达到加强美育教育的针对性和有效性，提高基层团组织的美育素质的根本目的。

本次以美育人的方式是用彰显秩序感、崇高感、优美感的教育内容为道德知识和道德行动注入情感力量，让学生的感性服从理性秩序的引领，结合学院专业特色，从书法、绘画、声乐、器乐、舞蹈等艺术层面培养学生的感觉、情感、想象力、创新意识。

自活动品牌启动以来，按照预定计划路线逐步推进，目前已取得以下建设性成果：

1. 完成第一阶段需求调研

对学院基层团组织的美育素质需求进行深入调研和分析，了解到实际需求和问题主要在于提升审美素养和创造能力、促进个性发展和综合素质提升、增强文化自信和民族自豪感、需要美育资源和针对性培训。根据调研结果，在基层团组织实际需求的基础上，着手建立美育资源共享机制，以及开展针对性培训和一系列美育相关活动。

2.建立美育资源共享机制

通过建立美育资源共享平台，收集整理各类美育资源。例如，提供专业培训资料、举办艺术品展览等，为基层团组织提供丰富的资源支持。同时提升基层团干部的审美情趣和审美意识，获得精神富足，促使其具备高尚的道德品质，从而为学生提供更好的美育服务，同时也促进基层团组织的建设和发展。

3.进行基层团干部美育素质培训

面向学院团干部、团员青年开展艺术鉴赏专题培训，提升团组织整体艺术素养，将整体性、综合性原则贯彻在美育的教育内容、教育过程、教育方法等各个方面，贯穿人才培养的各个阶段，全方位、全过程地促进团组织美育素质的建设。

通过开展针对性培训（图3-19），培养基层团干部的团队协作能力和集体荣誉感，增强团干部的自我价值感，提升美育素质。

图3-19　教育科学学院基层团干部美育素质培训活动

4.开展一系列多元化美育活动

结合学院专业特色以及"一院一品牌"系列活动的开展，组织进行多种形式的美育活动。

（1）组织学生参加艺术节、讲座等。通过组织学生参加艺术节、艺术家讲座等，提高学生审美素养，欣赏艺术美，进一步促进学生身心健康。

（2）举办各类专业比赛。针对教育学专业，举办教育学学生师能大赛；针对学前教育专业，开展学前教育学生技能大赛；针对应用心理学专业，组织进行萨提亚家庭教育专业成长沙龙。通过开展专业技能比赛，学生可以接触到各种不同艺术形式和风格，扩展自己的艺术视野，同时也可以锻炼自身的艺术技巧与创作能力。

（3）面向全院学生举办主题艺术展览月。在绘画方面，进行"中国画、硬笔画"等展览（图3-20），为学生提供展示自己绘画风采的舞台，也向更多人展示教育科学学院学子的专业技能。在书法方面，进行"硬笔书法、软笔书法、粉笔字"展览（图3-21、

图 3-22），丰富学生艺术生活的同时，提升学院师范学生专业技能。在舞蹈方面，展示多项舞蹈品种——现代舞、古典舞等，通过舞者赋予的情感，传递不朽的文化内涵。在器乐、声乐方面，展示学生的声乐及古筝、长笛的演奏，增强学生文化自信及对文化的认同感。

图 3-20　教育科学学院"中国画、硬笔画"展览活动作品

图 3-21　教育科学学院"硬笔书法、软笔书法、粉笔字"展览（一）

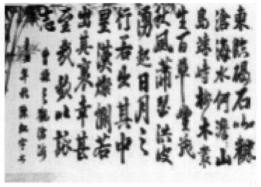

图 3-22　教育科学学院"硬笔书法、软笔书法、粉笔字"展览（二）

同时，在活动实施过程中，持续收集学生和基层团干部的反馈意见，及时调整和改进活动策划、实施方案，确保活动效果的持续提高。并且在学院团委工作依托下，通过学院"卓越教科""教科学思千里驿站"等新媒体平台和海报、条幅等传统宣传相结合的方式，对各项工作的开展进行宣传。

通过本活动的实施开展，有效提升了基层团组织干部及学生的审美素养，弘扬中华美育精神，增强美育服务功能，突出我院专业特色及学科特色。接下来将继续引领基层团组织树立正确的审美观念、陶冶高尚的道德情操、塑造美好心灵。利用好自身优势与资源，遵循美育特点，以美育人、以美化人、以美培元，逐渐形成具有特色的美育模式。谋好篇、开好局，着力构建高质量的美育资源机制。

第四章
"一班一亮点"品牌培育

第一节
"一班一亮点"品牌培育背景

为了深入贯彻《关于加快构建高校思想政治工作体系的意见》等文件要求，落实学校素质提升年的要求，扎实推进辅导员队伍担当引领行动，积极营造争干事、干实事的良好氛围，增强工作的吸引力和感染力，提升辅导员工作品牌的影响力，学生工作部决定在全校范围内开展"一班一亮点"活动。

一、总体思路

以习近平新时代中国特色社会主义思想为指导，全面贯彻党的教育方针，落实立德树人的根本任务，重点开展一系列凝聚"五爱"教育文化特色，思想政治教育效果显著，具有示范性和可持续性的大学生思想政治教育精品活动。

二、实施时间

2023年11月至2024年11月。申请人上交"一班一亮点"活动创建申请表和答辩PPT，学工部组织评审，现场答辩，评选出10个优秀的"一班一亮点"活动进行资助。

三、参与人员

全校2022级和2023级辅导员。

四、活动内容

辅导员可结合工作实际和各班级特点，围绕所在院系"一院一品牌"和本人"一人一特色"内容，以"五爱"教育为主题，在学生党建、学风建设、校园文化、网络思政、心理健康教育、资助育人、实践育人、就业创业、公寓管理等方面开展"一班一亮点"活动。

五、活动要求

1. 活动特色鲜明

开展活动要围绕立德树人的根本任务，贴近大学生思想、学习和生活实际，结合学院人才培养目标及学科特点，形成具有学院及班级专属亮点的精品活动。

2. 育人功能较强

活动主题突出、目标明确，符合时代精神，具有良好的育人功能，通过精品活动创建，激发师生工作和学习热情，汇聚学院发展"正能量"。

3. 品牌效应突出

精品活动有针对性和实效性，能形成典型性经验、固定工作平台和长效工作机制，具有较强的品牌传播力，可示范、可引领、可辐射、可推广。

六、实施步骤

1. "一班一亮点"活动创建申报表

填写并上交辅导员"一班一亮点"活动创建申报表。

2. 品牌文字说明材料

基本内容应包括品牌主题与思路、实施方法与过程、主要成效及经验、下一步加强和改进的计划等，要求文字简洁、重点突出，字数3000字以内。如果是新近开展或计划开展的新品牌，提供的说明材料要把重点放到工作思路、实施方法和预期目标上。

3. 品牌支撑材料

可根据实际需要，提供能直接支撑说明品牌建设情况的视频、PPT、图片、辅助资料等。

4. 现场答辩

学校将聘请校专家组成的评审委员会对申报品牌进行评审。申报单位通过PPT介绍品牌情况，并回答专家提问。答辩时间初定于2023年11月中旬，具体时间、地点另行通知。

5. 立项确定

依据专家评审结果，确定10个"一班一亮点"重点品牌立项并资助，其余品牌为一般品牌。在全校进行公示，公示无异议后，学生工作部行文下发立项通知。

7. 品牌实施

各位辅导员要按照立项方案认真组织实施，实施过程中要注意做好相关资料的分类归档。学生工作部将于2024年5月对各品牌工作开展情况进行中期检查。

7. 验收检查

品牌建设周期结束后，学生工作部聘请专家组成评审委员会进行验收。评审委员会通过审核各创建单位的实证材料、听取PPT汇报、现场进行评审，以优秀、合格和不合格等级进行结项。获得优秀的品牌优先推荐参加全国、全省学生工作品牌立项和校园文化建设优秀成果评选等。

七、相关要求

（一）加强领导，务求实效

各学院要高度重视，紧密结合本院"一院一品牌"活动开展"一班一亮点"活动。选择活动创建方向，精心策划，有重点、有计划地开展特色活动。进一步加强提炼、提升内涵、强化特色、打造品牌。

（二）加强宣传，扩大影响

各学院要加大宣传力度，拓宽宣传信息渠道。对在开展"一班一亮点"活动中好的做法和经验，要互相交流，大力培育典型，发挥引领示范作用。

（三）注重积累，形成成果

各学院要认真做好创建"一班一亮点"活动过程中的活动策划、宣传报道、活动图片、视频资料、活动总结等相关材料的收集整理工作，及时总结推广好经验、好做法。

（四）加强考核，总结经验

"一班一亮点"活动作为辅导员年度考核的一项重要内容，是评奖评优的重要依据，请各学院认真对待。

第二节
"一班一亮点"品牌培育价值

"一班一亮点"品牌的核心理念是为每个班级量身打造一种独特的文化和氛围。这种独特性不仅体现在寝室教室布置、标语设计、"一站式"社区建设等班级的文化环境上，更体现在班级的整体精神风貌、学风建设和共同价值观上。当每个学生都参与到这个特色品牌的创建过程中时，他们会感受到自己对于班级文化的贡献，这种参与感增强了大学生对班级的归属感。"一班一亮点"品牌的实施过程是一个团队协作的过程，由辅导员构建所带班级突出特色和亮点的大方向，带领学生们共同讨论、策划、组织和实施各种特色活动，以展现班级的亮点。在这个过程中，学生们会学会如何与他人沟通、协调和合作，实现共同的目标。这种团队协作的经验不仅有助于学生们在当前班级生活中的团结，也能为他们未来在社会中的合作能力打下坚实的基础。通过"一班一亮点"品牌形成的班级特色，会成为学生们共同珍惜的标识。这种标识不仅是外在的，更是一种内在的认同感和自豪感。当学生们在校内外提及自己班级的特色时，会产生自豪感，这种自豪感进一步巩固了他们对班级的归属感。

良好的班风学风是"一班一亮点"品牌的自然产物。当学生们都积极参与到班级文化的建设中，他们会更加珍惜和维护这种文化氛围。在学习上，他们会相互鼓励、互相帮助，形成一种积极向上的学习氛围。在行为上，他们会更加注重班级的形象和荣誉，从而自觉遵守纪律，形成良好的班风。

一、满足学生个性化发展需求

当代大学生成长在一个信息爆炸、文化多元的时代，他们接触到的信息和观点比以往任何时候都要丰富和多样，这塑造了他们鲜明的个性和多元化的需求。他们不仅仅满足于传统的教育模式，更希望在大学里寻找到自己的位置，获得认同，并实现自我价值。"一班一亮点"品牌为当代大学生提供了一个展现自我、实现个性的平台。这一品牌根据每个班级的独特性和学生的兴趣、专业、需求来设计和实施，确保让每位学生都能在班级中找到自己的位置，感受到归属感和认同感。

因材施教是"一班一亮点"品牌的核心理念之一。辅导员在实施品牌时，需要深入了解每位学生的特点、优势、爱好和兴趣，然后结合班级的整体特点，为班级设计出真正适合的特色亮点。例如，对于艺术氛围浓厚的班级，可以组织画展、音乐会等活动，让学生充分展现自己的才华；而对于科研兴趣强烈的班级，则可以开展科研竞赛、学术讲座等活动，满足学生对知识的探索欲望。差异化的班级管理措施使"一班一亮点"品牌能够真正落地并产生实效。不同的班级、不同的学生有不同的需求，差异化管理就是要求辅导员根据实际情况，灵活调整管理策略和活动安排，使每位学生真正发挥自己的价值。"一班一亮点"品牌通过为每个班级打造独特的亮点来满足学生的个性化发展需求，在这种个性化的管理方式下，学生不再是被动的接受者，而是成为班级文化建设的参与者和创造者。他们可以根据自己的兴趣和特长，为班级的文化建设出谋划策，贡献自己的力量。这种参与感和成就感会极大地激发学生的积极性和创造性，有助于培养他们的创新精神和实践能力。通过"一班一亮点"品牌的实施，学生的全面发展得到了有力的支持。学生在参与品牌的过程中，不仅提升了自己的专业素养和技能水平，还锻炼了团队协作能力、沟通能力和解决问题的能力。这些能力的提升，为学生未来的职业发展和社会生活奠定了坚实的基础。

二、提升辅导员职业能力素养

"一班一亮点"品牌不仅是对学生个性化发展的一种探索，而且是对辅导员职业素养和创新能力的挑战与提升。创建"一班一亮点"品牌，需要辅导员跳出传统的管理和教育模式，以更具创新性和个性化的方式来引导和服务学生。在职业素养方面，"一班一亮点"品牌实施过程中，辅导员需要深入了解每个学生的个性和需求，这就要求辅导员具备敏锐的观察力和沟通技巧。在与学生的交流中，辅导员不仅要倾听，更要理解、接纳并尊重学生的多样性和差异性。这种以学生为中心的工作方式，能够提升辅导员的人文关怀精神和教育服务意识，进而提高他们的职业道德和专业责任。品牌管理能力也是辅导员在此品牌中需要提升的重要职业素养。从品牌规划、资源整合到实施监控和成果展示，每一个环节都要求辅导员具备扎实的品牌管理能力。通过实际操作，辅导员可以学会如何制订合理的"一班一亮点"品牌计划，如何有效地调配资源，如何监控品牌的进度和质量，以及如何客观地评估品牌的成效。这些经验不仅能够提升辅导员的工作效率，而且有助于他们形成更为系统和科学的管理方法。在创新能力方面，"一班一亮点"品牌为辅导员提供了一个广阔的舞台。每个班级的独特性和每个学生的个性化需求，都要求辅导员以创新的思维来设计和实施品牌。这不仅需要辅导员敢于尝试新的教育理念和方法，还需要他们能够灵活地运用各种教育技术和资源，以创造出真正符合学生需求的教育环境。此外，辅导员在品牌实施过程中，还需要不断地反思和总结，以便及时调整策略和方法，确保品牌的顺利进行。这种反思和总结的过程，实际上也是辅导员自我提升和创新的过程。他们可以通过分析品牌的成功与失败，提炼出宝贵的经验教训，进而完善自己的教育理念和管理方法。"一班一亮点"品牌的成功实施，不仅有助于辅导员形成自己的管理风格和特色，更能提升他们的职业竞争力。在这个快速变化的时代，具备高度职业素养和创新能力的辅导员，无疑将更受学生和社会的欢迎。

三、推动高校班级文化建设

班级文化作为班级管理不可或缺的一部分，对于塑造学生的精神世界、培养学生的团队协作精神和促进学生的综合素质发展具有深远的影响。"一班一亮点"品牌在这一背景下应运而生，它不仅为班级文化的建设注入了新的活力，而且成为推动高校整体文化建设的重要力量。

"一班一亮点"品牌通过鼓励每个班级发掘和展示自己的特色，有效地促进了班级文化的多元化发展。这种班级文化的建设不仅有助于营造良好的班级氛围，还能在无形中引导学生形成积极向上的价值观。品牌在推动班级文化建设的同时，也在潜移默化地提高学生的文化素养。学生们在参与品牌的过程中，不仅需要了解和掌握与班级文化相关的各种知识和技能，还需要学会如何将这些知识和技能运用到实际生活中。这一过程本身就是对学生文化素养的一种提升。通过打造独具特色的班级文化品牌，"一班一亮点"品牌还为高校的文化建设与发展注入了新的动力。每个班级的特色文化都成为高校文化的一部分，丰富了高校的文化内涵。同时，这些独具特色的班级文化还能相互借鉴、相互促进，为学生提供一个展示自我、实现价值的平台。在这个平台上，学生们可以充分发挥自己的才能和创造力，这种参与感和成就感不仅会提升学生的自信心和自尊心，还会激发他们的学习热情和创新精神。

第三节
"一班一亮点"品牌培育现状

为充分发挥班级导师在所带班级管理中的引领作用，南昌大学在推进实行班导制的基础上，进一步推动实施院系领导联系班导负责制，并结合辅导员工作开展"一班一亮点，一班一特色"创建评比活动。南昌大学管理学院已全面铺开实行本科班级导师制度，全院本科4个年级共27个班级导师已全部配备到位，前期已陆续组织开展了系列工作。在此基础上，经管理学院党政联席会研究讨论，决定在全院实行院领导联系年级负责制，每个年级由一名院领导负责联系班级导师工作开展，以进一步加强对班级导师工作的指导和监督，确保班级导师工作落实到位。特色班级创建内容主要与学生思想教育和日常管理相关，或围绕学生成长成才展开，包括班级文化、安全稳定、公寓文化、文体活动等。学院设立"特色班级"评比小组，并对特色班级班导在年度考核测评中予以加分奖励。通过特色班级创建评比活动，进一步调动学生的主动性、参与性，发挥辅导员、班级导师在班级管理中的引领作用，形成了一批可学习、可借鉴、可复制的先进典型，促进了良好班风、院风的形成。除此之外，一些高校建设了"优创班级"品牌，结合辅导员的工作实际，将优秀创新理念融入班级建设工作当中，以班级为基础，以学生为主体，开展班级制度创优考核、创新班级骨干培养模式、建立班级信息管理系统、丰富班级文化活动，构建了基于班级的精细化创优管理体系。

吉林工程技术师范学院艺术与设计学院包洪亮的班级亮点品牌"艺术与心理接轨　特色活动助力心理育人"基于学院开展的"一院一品牌"、辅导员"一人一特色"品牌情况，开展了如"'追光而遇，沐光而行'——环艺专业技能搭建""以美育心灵，以艺扬中华——美术插画作品征集活动""'井'上添花，落地生花——创意井盖涂鸦等特色班级创意活动。

艺术与设计学院车驰的班级亮点品牌"空中乘务——实践出真知"，通过"以演带学，以老带新"特色教育教学模式，将空中乘务专业班级打造成为具有一定区域优势的特色班级。

电气与信息工程学院李克强的班级亮点品牌"打造'三向度'班级管理新模式"通过党建引领、学风筑基、纪律立班，开展了一系列具有创新与特色的活动，促进班级建设和学生发展，提升班级凝聚力和学习氛围。

机械与车辆工程学院李志鹏的班级亮点品牌"师范生系列活动养成计划"，通过粉笔字教学、师范辩论活动、小讲堂视频、普通话跟读活动、明确师范就业方向目标等系列活动，让师范生在养成活动中持续提升自身的教育能力和专业素养。

数据科学与人工智能学院马帅的班级亮点品牌"'1到44到N'——党建引领下时代'星火班'育人模式"，通过对班级优秀典型的培育和选树，聚焦"1"的个体发展培养，以数学2241"星火班"为试点，利用多元化的培养主体、科学化的培养内容，通过"创新引领+能力提升+品牌实践"的培养模式，实现班级44名同学的全面发展，培育一批党的传承者和继承者。"44"中每个"1"再通过思研宣讲、创新引领、品牌实践等影响和带动更多"N"，充分发挥了优秀学生代表领学、导学的作用。

艺术与设计学院马越的班级亮点品牌"'大思政课'背景下大学生社会实践育人模式研究"，建立"三促三进"工作机制，通过"带服务进社区，感受社区治理成效""把技能带回家乡，感受时代发展脉搏"等活动，把握"大思政课"培根铸魂的着力点，在社会实践活动中帮助学生深刻体会党的创新理论的真理魅力和实践伟力，增强社会实践工作的实效性，有助于达成协同育人的目标。

电气与信息工程学院商托斯的班级亮点品牌"基于'一班一亮点'背景下——如何打造拥有特色寝室文化的班级"，通过寝室风格装扮策划、寝室文化节展示等活动，营造了所带班级良好的寝室氛围。

电气与信息工程学院隋国旗的班级亮点品牌"笃学创新争先进，崇师尚学树新风"，通过加强课堂纪律、组织多样文体活动、注重科研创新等活动，将电自动化2244班打造成为先进班级，助长文明学风，推进了班级特色学风建设。

生物与食品工程学院杨德成的班级亮点品牌"师生协同下班级内合作与竞争"，推进班级内以班委为核心的"一带多"与班内比拼，充分激发班级干部的带头作用，给予班级干部展示自我特长的平台，同时带动周围同学以自身形成辐射面，形成了"一带多"的学习环境和活动氛围。

艺术与设计学院张平的班级亮点品牌"别具'艺'格班级教室文化建设评比活动"，结合了学生所学专业，对班级教室进行了系统设计，开展"班级教室文化建设"评比，做到让"教室说话"，让"墙壁"成为"无声的导师"。

第四节
"一班一亮点"品牌培育目标

通过"一班一亮点"的班级特色活动，辅导员鼓励学生设立学生自主学习小组、制订自主学习计划，设定明确的学习目标，制定系列班级日常学生学习管理制度，能够实现学生自主学习的目标。比如，生物与食品工程学院生物2242班，在师生协同的模式下建立活动实验小组，统计班级同学个人兴趣爱好以及未来发展规划，设立各项学习比拼活动，在活动建设中期对活动各项指标进行审查，包括寝室学习情况、老师评价、小组分配等，及时调整，为学生提供了一个自主学习的环境。

一、增强学生社会实践能力

通过"一班一亮点"品牌，辅导员与社区、企业、非营利性组织机构等建立了长期的合作关系，可以为学生构建一个社会实践的平台，实现增强学生社会实践能力的目标。比如，艺术与设计学院视觉传达设计2241班，专业基本功扎实，动手能力强，参与学校乡村振兴品牌——舒兰市三梁村彩绘文化墙工程，并被多家媒体报道，实现了实践育人的目标

二、提升班级凝聚力

通过打造"一班一亮点"品牌，辅导员与学生共同确定班级目标，这些目标包括学业成绩、班级活动参与度、社会实践服务、寝室文化建设、班级集体荣誉、班级违纪处分、入党入团资格、参与竞赛情况等，组织丰富多彩的班团活动，让每个人都有机会展示自己、欣赏他人。辅导员定期组织召开班会，让每位同学都能自主发声，提出意见建议，增强班级的民主氛围。通过品牌活动还可以为学生分配不同的任务，划分责任，让学生感受到自己在班级中的重要性，鼓励每一位学生参与到班级建设中，找到自己的位置。比如，电气与信息工程学院电自动化2344班，以学生骨干为引领，分6个阶段让班级成员全员参与班级建设、学生建设，促进了学生的全面发展。

三、增强学生的自信心与表达能力

"一班一亮点"品牌需要根据班级的特色、学生的个体差异来打造独一无二的特色品牌。通过与学生建立良好的关系，可以发现他们的闪光点和优势，有针对性地帮助学生建立自信心。在主动关注学生情绪与心理状态的过程中，还能够及时发现问题并给予适当的支持和引导，帮助学生及时疏导情绪，树立正确的自我认知。同时，辅导员还鼓励学生勇于表达自己的想法，锻炼表达能力。比如，数据科学与人工智能学院数学与应

用数学2241班开展党的二十大主题宣讲，当好"播音员"，通过"听、看、讲、传"的立体沉浸式模式，用青年视角讲好中国故事、传播中国声音。

第五节
"一班一亮点"品牌培育内容

"一班一亮点"品牌的建设，让辅导员更加重视所带班级的独特性，虽然有些班级专业相同，公共课与基础课、专业课有相似之处，但细微差别体现在学生的不同，部分体现在学习成绩上，部分体现在团体活动中，部分体现在集体荣誉里。辅导员需要准确把握"一班一亮点"品牌培育的基本原则与生成机制，根据不同班级的不同特点，制定因地制宜、符合不同班级学生发展特色的培养计划，培养中国特色社会主义合格建设者和可靠接班人。

一、"一班一亮点"品牌培育坚持的原则

1. 人本主义原则

"一班一亮点"品牌以"一院一品牌""一人一特色"品牌为基础，辅导员在开展前两者的前提下，创建班级特色活动品牌，以班级为单位、以人本主义为原则，遵循一切为了学生、为了学生一切、为了一切学生的"人本理念"，充分考虑到学生的需求和个体差异，避免"一刀切"。在品牌实施的过程中，要对学生充满信心，充分调动其积极性，提高学生在班级建设中的参与度，肯定其在班级活动中的价值，从内在激发学生对班集体的热爱。

2. 内容适度原则

"一班一亮点"品牌的构建，综合了学院的"一院一品牌"活动、辅导员个人的"一人一特色"活动，是一个有机的整体，不可分割开来，要充分考虑到各个品牌、各个活动之间的关系。在开展班级活动的过程中，要坚持适度原则，避免过犹不及，从整体考虑各个班级的突出亮点。品牌设计过程中不可贪大求全，忽略活动的目的初衷。辅导员要结合自身的职业规划、能力范围、学生班级的专业特点选择班级的特色打造精品活动，注重"一班一亮点"的内涵质量，不可贪求数量和规模的扩展。

3. 可持续原则

"一班一亮点"品牌与"一院一品牌""一人一特色"品牌同样旨在注重品牌效应，注重活动的长期高质量开展，注重示范、推广效应，在设计活动的过程中，要坚持可持续发展原则，保证品牌内容的可持续性，突出该专业班级的特色活动亮点，伴随着新生入学、毕业生就业，班级亮点活动都能够对学生发展有益，打造"一班一亮点"，应随

着品牌的推进，教育效果更加显著。

二、"一班一亮点"品牌培育生成的机制

1. 目标导向型

"一班一亮点"品牌内容的设计，要以达成学生工作的建设目标为导向，促进学生全面发展。在品牌的调研、选择、设计、实施的过程中，突出品牌的教育效果，结合当前社会热点话题、教育现象、学生思想动态，打造可持续推广的班级品牌。

2. 需求刺激型

在学生工作中，学生的潜在需求是多种多样的，"一班一亮点"的可行性活动同样形式丰富。在开展品牌的过程中，需要将学生的潜在需求与学生工作品牌活动紧密结合，从内在激发学生的创造性，满足学生的潜在需求，将内在需求作为开展品牌活动的动力，让学生主动参与到品牌建设中。

3. 内在专业型

"一班一亮点"品牌的培育，与学生的专业特点、学科特色息息相关，亮点突出在品牌的开展、设计与专业教育和专业素质能力提升的紧密结合。结合学生专业开展特色班级品牌，可以使辅导员充分利用可用资源，增强班级新品牌的吸引力和生命力。比如，艺术与设计学院空中乘务2321班，结合特色空中乘务专业"以演带学，以老带新"，穿上专业指定服装，严格按照对仪容仪表仪态的要求进行整理，用走秀方式进行专业技能展示，充分利用了教学资源。

4. 资源拓展型

"一班一亮点"品牌的外在资源，源自学校之外的各类爱国主义教育基地、社区服务中心等，资源拓展即充分利用社会实践基地，培育学生成长成才，比如，经济与管理学院与长春市文庙进行基地共建，利用社会丰富历史文化，提高人才培养质量，利用基地共建进行传统文化熏陶，提升班级学生整体素质。

【优秀案例一】

空中乘务——实践出真知

艺术与设计学院　空中乘务2321班

一、活动主题

结合实践育人的理论指导，努力把新时代大学生打造成德智体美劳全面发展的高素质技术技能人才，遵循人才成长规律的育人方式，本着全体学生参与、实践并体验的原则，活动具有知行转化的验证作用，对提高学生专业素养、职业道德，促进大学生的全面发展有重要作用。

二、活动背景

空中乘务专业，依托学院现有专业基础，整合学院人文艺术类学科的优势资源，立足吉林、面向东北、辐射全国，能够培养具有高度社会责任感和正确价值观，能够将个人理想和专业知识相结合，具有一定的科学文化水平、良好的人文素养、职业道德和创新意识，并能够集专业技能与社会活动能力于一身的高素质技术技能人才。

三、活动目标

通过独特的专业内涵，透过严谨的专业技能展示，展示多元化之美，带动流行时尚，加强实践交流，把理论知识与自身实践相结合，贯彻"知行合一"的新学风，促进学生对专业的深入了解与热爱，并从中改造学习、深化学习之道，让理论结合实际成为每个人学习成长的必由之路。该活动旨在展示空中乘务专业学生的能力和专业水平，促进空中乘务专业学生之间的交流与学习，使其能够更加深入地了解与学习该专业的知识与技能，为空中乘务专业学生提供一个展示自我、挑战自我的机会，使该专业的学生能够进一步地提升自己的专业技能。

四、活动意义

参加这个活动有利于增强学生的专业能力，并对外宣传学院空中乘务专业学生的专业技能能力，能够增长学生阅历、拓宽学生视野，对该专业学生本身的提升有很大的作用，也让更多的相关专业人员能够注意到学校对于人才培养的专业能力。

五、创新与特色

"以演带学，以老带新"特色教育教学模式，在做好传统基础教学的同时，本班空中乘务专业积极转变思想、进行创新，努力打造具有一定区域优势的特色空中乘务专业，坚持采用"以老带新"的教学模式，促进该专业教学的良性发展。"以演带学，以老带新"模式，是让具有一定专业技能水平的学生对新生进行仪容、仪表、仪态的演示与指导，通过言传身教进一步增强学生对该专业领域技能知识的了解与认识，并在学习专业知识后，以走秀的方式进行专业展示。在此教学模式下，不仅新生能够得到专业技术上的提升，老生也能够在一定程度上对自己的专业技能有更深层次的理解，能够更加熟练地应用在实习工作中。

六、申报基础

内容创新，过程严谨，能够坚持理论教育与实践养成相结合，主动为培养能够服务党和国家重大战略布局的高素质技术技能人才贡献力量。在品牌运行方面，具有完善的方案设计、规范的组织管理、良好的育人成效。在品牌保障方面，有优秀的教师指导团队、固定的实践学习教室和不断完善的教育教学机制。

七、具体活动流程

（1）各位同学穿上专业指定服装，严格按照对仪容、仪表、仪态的要求进行整理后到达专业教室集合。

（2）按照班级学号顺序入座。

（3）采取"以老带新"的教学方式，先让有一定专业基础的老生轮流进行不同情况、不同性别的仪容、仪表、仪态等方面的专业展示。

（4）展示后由新生自行练习，并由老生和老师进行交替指正指导。

（5）第一轮课程结束后，换好各自准备的服饰，采用"以演带学"的走秀方式进行专业技能的展示。

（6）由老生与老师对新生的成绩进行投票打分，评选出前三名并进行奖彰（图4-1）。

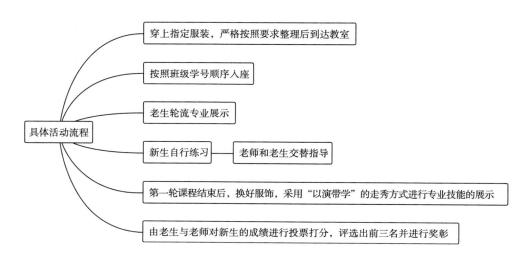

图4-1　艺术与设计学院"空中乘务——实践出真知"活动实施技术路线

八、保障措施

1. 人员保障

在学校范围内招募志愿者进行活动秩序的维持，确保有足够的工作人员参与活动的组织、实施和安全保障工作。

2. 资金保障

确保有足够的资金用于活动的组织和实施，制订详细的预算方案。

3. 物资保障

确保活动所需的物资和设备齐全，并进行充分的测试和维护。包括场地、音响、灯光、道具等物资的准备，以及设备的安装调试和投票评分设备等。

4. 场地保障

确保活动场地符合安全要求，并进行充分的检查和审批。在活动前对场地进行清理和维护，确保场地的平整、干净和安全。

5. 风险保障

制订风险应对方案，以应对可能出现的各种风险和意外情况，包括制订应急预案、备选方案等，以确保活动的顺利进行。

6. 法律保障

确保活动的合法性和合规性，遵守相关法律、法规，保证政治上的正确性。

九、活动经验与启示

1. 敢于尝试与创新

"以演带学，以老带新"的教学模式提供了提升自己和挑战自己的机会，通过参加比赛，学生可以学会如何克服自我限制，最大程度地进行专业技能的展示，敢于创新、尝试新事物，并从中获得成长和发展的机会。

2. 接受指导

老师和老生可以根据新生专业行为的表现进行指正和指导，新生可以从中更加牢固地学习到专业技能和应用技巧。通过接受指导还可以更好地了解自己的不足之处，并努力改进和提高自己的专业能力水平。

3. 学会适应变化

"以演带学"的教学模式涉及各种不同的展示形式和风格，参赛者需要学会根据自己本专业的技能特色适应变化并展示最佳的效果。通过这种教学方式，学生可以学会如何在压力下保持冷静，在不变中学会变通并适应变化，从中获得成长和发展的机会。

【优秀案例二】

打造"三向度"班级管理新模式：党建引领、学风筑基、纪律立班
电气与信息工程学院　电自动化2344班

一、活动背景

党建是推动学校全面发展的重要保障，学风是塑造良好学习氛围的关键因素，纪律是维护学校秩序的基本要求。随着社会的发展和变革，班级管理也面临着新的挑战。为了进一步加强党建工作在班级管理中的引领作用，我们特举办此次以"党建引领、学风筑基、纪律立班"为主题的活动。此次活动旨在培养优秀的学风和纪律，提升学生的政治觉悟和道德品质，培养学生自律自强的品格，构建和谐的学习环境，激发同学们的爱党之情、爱校之情、爱班之情，形成良好的学习氛围和行为规范。

二、活动目标与意义

（1）提高学生对党建工作的认识和参与度，增强党组织的凝聚力和影响力。

（2）加强党建教育，提高同学们的党性觉悟和思想道德素质。

（3）培养学生良好的学习习惯，提高学习效果和成绩。

（4）培养高尚的学风，促进同学们全面发展。

（5）培养学生遵纪守法的意识，增强学校管理的有效性。

（6）增进师生之间的互信和沟通，促进良好的师生关系。

（7）形成严明的纪律，提高班级管理水平。

（8）增强班级凝聚力和集体荣誉感。

三、创新与特色

（1）创新活动形式，采用多元化的方式进行宣传教育，如举办主题讲座、开展党员志愿服务活动等。组织党建教育讲座，邀请党员干部为同学们讲解党的历史、宗旨和党建工作的重要性。组织学习分享交流会，同学们分享学习心得和学术成果，激发学习的积极性和创造力。组织纪律建设活动，组织班委选举，加强队伍建设；打造班级规章制度建设，形成良好的班风学风，加强班级纪律约束力。

（2）引入互动元素，利用现代技术手段与学生进行互动交流，增加活动的吸引力和参与度。

（3）结合实际情况，针对学校存在的问题，提出具体解决方案，切实改善学风和纪律问题。

四、申报基础

（1）组织者：班级团支部、班委会等。

（2）参与者：全体班级同学。

（3）资金支持：学校拨款、企业赞助等。

（4）具备党组织支持和相关资源保障，确保活动的顺利进行。

（5）学校内部已经形成了一定的党建工作基础和学风建设经验。

五、具体活动流程

1. 阶段一：宣传准备阶段

（1）制订活动方案和时间表。

（2）开展宣传工作，提高活动知晓度。

（3）制订活动计划和预算。

（4）确定活动时间和地点。

（5）筹备物资和宣传材料。

2. 阶段二：主题讲座与交流

（1）开展党建教育讲座，提高同学们的党性觉悟。

（2）邀请党建专家进行主题讲座，介绍党建工作的重要性和意义。

（3）组织学生代表发言，分享学习经验和心得。

3. 阶段三：志愿服务活动

组织学生参与社区志愿服务活动，提升社会责任感和团队合作能力。

4. 阶段四：学风建设活动

（1）组织学习分享交流会，促进同学们的学术交流和合作。

（2）组织学生参与学习方法讲座和学术竞赛，提高学生的学习效果和能力。

5. 阶段五：纪律教育与管理

（1）开展班级纪律建设活动，制定班级规章制度并推行执行。

（2）进行纪律教育宣传活动，加强学生对学校纪律的认识和遵守。

6. 活动总结与评估

（1）对活动进行总结和评估，收集同学们的反馈意见。

（2）形成活动经验总结和启示，为今后的班级管理提供借鉴和参考。

六、活动实施的技术路线图

（1）利用校园网络平台，进行宣传和组织活动报名。

（2）利用网络平台和移动应用，发布活动信息和宣传资料。

（3）利用移动应用开展学习分享交流会，提供在线交流和资源共享功能。

（4）制作班级规章制度宣传海报，并通过电子屏幕、班会等形式进行发布和宣传。

（5）利用大屏幕展示、互动投影等技术手段，提高活动的视觉效果和参与度。

（6）利用在线问卷调查等工具，收集学生对活动的反馈和意见（图4-2）。

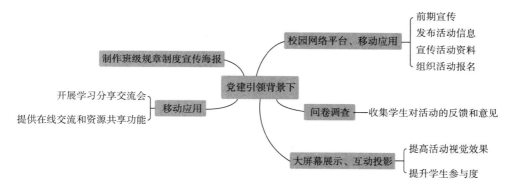

图4-2 电气与信息工程学院打造"三向度"班级管理新模式活动实施技术路线

七、保障措施

（1）确保党建组织的支持和参与，为活动提供资源和指导。

（2）与学校相关部门合作，确保活动场地、物资和经费的支持。

（3）安排专人负责活动的策划、组织和协调工作，确保活动的顺利进行。

（4）加强宣传工作，提高同学们的参与度和关注度，提高学生和教师的参与度和积极性。

（5）设立监督机制，对活动执行情况进行跟踪和评估。

八、总结活动经验与启示

（1）做好前期准备工作，确保活动顺利进行。

（2）充分发挥党建工作的引领作用，提升班级管理水平。

（3）注重活动的创新性和特色，吸引同学们的积极参与。

（4）总结活动的效果和问题，进一步改进活动方案和实施方法。

（5）发挥活动的示范作用，推广活动的成功经验和做法。

（6）建立长效机制，持续推进班级的党建、学风和纪律建设。

（7）强化长效机制，持续推进党建工作、学风建设和纪律教育。

【优秀案例三】

<h3 style="text-align:center">师范生系列活动养成计划</h3>

机械与车辆工程学院　车辆工程 2341 班

一、活动目标与意义

（1）培养师范生的教师职业道德，提升他们的职业认同感和专业自豪感。

（2）提升师范生的教育教学理论素养，使他们能够理解和掌握教育教学规律和理论。

（3）提升师范生的教学技能和实践能力，使他们能够更好地适应教学工作，提高教学效果。

（4）增强师范生的团队合作和沟通能力，使他们能够更好地与其他教师、学生、家长和社会人士进行交流和合作。

（5）培养师范生的创新精神和创业意识，使他们能够积极探索教育教学的新思路、新方法和新模式，为教育事业的发展做出贡献。总之，师范生系列养成活动具有重要的意义，不仅对师范生个人的成长和发展有着积极的影响，也对提高教育质量、推动教育事业的发展起到积极的促进作用。

二、创新与特色

1. 活动形式多样化

可以开展讲座、研讨会、模拟课堂、微格教学、教学技能大赛等形式多样的活动，以满足不同学生的需求，提高他们的教学技能。

2. 实践教学环节强化

注重实践教学环节，如安排师范生到学校进行教学实习，让他们在实际环境中锻炼教学技能，提高教学水平。

3. 信息化手段应用

利用现代信息技术手段，如在线教育、远程教育等，开展系列养成活动，打破时间和空间的限制，让更多的师范生参与进来。

4. 个性化指导服务提供

针对不同学生的个体差异，提供个性化的指导服务，如一对一辅导、小组讨论、专家咨询等，帮助他们更好地发展自己的教学技能。

5. 评估反馈机制完善

建立完善的评估反馈机制，对系列养成活动进行评估和反馈，及时发现问题和不足，不断改进和完善活动内容和方法，提高活动的实效性和可持续性。

三、申报基础

1. 明确的培养目标

学院师范生有明确的培养目标和要求，包括教育教学理论、教育技能和实践能力等方面的培养。

2. 课程设置

根据培养目标，合理设置师范生系列课程，包括教育理论课程、学科专业课程、教育实习等，注重理论与实践相结合。

3. 实践教学

加强实践教学环节，确保师范生有足够的时间和机会进行教育教学实践，提高其实践教学能力。

4. 评价体系

建立科学合理的评价体系，对师范生的教育教学理论、实践能力和综合素质进行全面评价，为培养质量提供保障。

四、具体活动和流程

1. 粉笔字教学

通过寻找专业教师协助，让师范生亲自书写板书，并了解改进及更正方法。这有助于加强他们的职业信服力。

2. 师范辩论活动

组织师范生参与各类辩论赛，包括师德师风评判、学习氛围的加强方式等。这能够加强师范生的组织协调能力及语言表达能力。

3. 小讲堂视频

围绕必修课程开展小讲堂活动，自行录制视频，进行评比，选择有创意、有激情的视频进行嘉奖。

4. 普通话跟读活动

利用晚自习进行普通话跟读，为了后期的普通话考试做准备，同时为以后从事师范类学生提供帮助及练习。

5. 师范就业方向目标

组织免费师范生进行就业帮助，对于其他师范生进行就业摸排。

五、活动实施的技术路线图（图4-3）

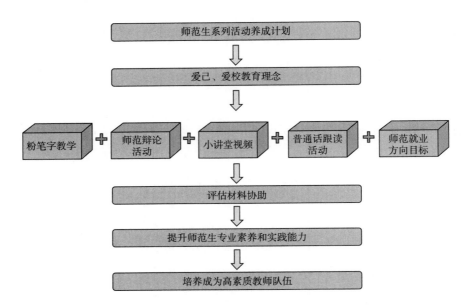

图4-3　机械与车辆工程学院师范生系列活动养成计划实施技术路线

六、保障措施

（一）建立健全管理机制

联合其他辅导老师，设立专门的教师指导小组或指导委员会，负责对师范生养成活动进行指导和监督。

（二）设置严格的选拔和培训环节

在选拔师范生参与养成活动时，制定明确的选拔标准和程序，确保参与者具备一定的素质和能力。同时，为参与活动的师范生提供必要的培训，包括教育理论、实践技能等方面的知识和技能培养。

（三）制定活动规章制度

师范生养成活动需要遵守一定的规章制度，明确规定活动的准则、目标、要求和时间安排，并告知参与者有关纪律和行为规范，确保活动的顺利进行。

（四）做好监督和评估工作

学校要加强对师范生养成活动的日常监督，及时发现并解决问题；同时，通过定期的评估和反馈，了解活动的效果和影响，对活动进行改进和提升。

七、总结活动经验与启示

（一）活动经验

1. 精心策划

本次活动从开始就注重了精细化的策划，包括活动的目的、时间、地点、人员配置、活动流程等都进行了详细的规划，确保了活动的顺利进行。

2. 资源整合

活动得到了学校、学院、教师、学生等多方面的支持，各方资源得到了有效的整合，为活动的成功举办打下了坚实的基础。

3. 团队协作

活动涉及的人员众多，需要良好的团队协作，大家各司其职，密切配合，确保了活动的顺利进行。

4. 宣传到位

通过多种渠道进行了活动的宣传，确保了活动的知名度和影响力，吸引了更多的学生参与。

（二）活动启示

1. 注重实践

师范生系列养成活动不仅是对理论知识的检验，更是对学生实践能力的锻炼。通过活动，我们更加深刻地认识到师范生应该注重实践能力的培养，不断提升自己的教育教学技能。

2. 创新教学

师范生应该注重创新教学，将理论知识与教学实践相结合，不断探索适合学生的教学方法和手段。在本次活动中，我们看到了许多新颖的教学方式和方法，这些经验值得我们借鉴和学习。

3. 持续改进

教育事业是一个不断发展和进步的领域，师范生应该保持持续学习的态度，不断探索新的教学方法和手段，不断提升自己的教育教学水平。在未来的工作中，我们应该坚持持续改进的理念，不断反思和总结经验，为教育事业的发展做出更大贡献。

【优秀案例四】

"1到44到N"——党建引领下时代"星火班"育人模式
数据科学与人工智能学院　数学与应用数学2241班

以青年党员为代表的先进典型是一面旗帜，能引领时代前进的方向，汇聚形成强大的正能量。通过模范带头和示范引领，不断增强青年学生的政治认同、思想认同、理论认同、情感认同和实践认同，进而全力培养德智体美劳全面发展的社会主义建设者和接班人。

精准性：遵循青年成长成才规律，通过对班级优秀典型的培育和选树，聚焦"1"的个体发展培养。

系统性：以数学2241"星火班"为试点，利用多元化的培养主体、科学化的培养内容，通过"创新引领＋能力提升＋品牌实践"的培养模式，达到班级44名同学的全面发展，培育一批党的传承者和继承者。

引领性："44"中每个"1"通过思研宣讲、创新引领、品牌实践等影响和带动更多"N"，充分发挥优秀学生代表领学、导学的作用。

一、聚焦能力提升，培育学生综合素养

（1）邀请院企合作单位为"星火班"带来素质拓展团建活动，凝聚团队向心力，营造积极向上的健康状态，发扬青春洋溢的精神面貌。

（2）组织"星火班"进行简历制作、口才演讲等技能培训相关活动，提高学生综合素质能力，树立正确的目标和理想，提前做好职业规划，促进全面发展。

（3）充分挖掘整合社会资源，邀请党员校友作为"星火班"学生党员的企业导师，通过结对共建，发挥学院与企业双方优势，为培养优秀的青年人才做出积极探索和贡献。

（4）组织学生观看"感动中国十大人物"系列节目，感受全国优秀共产党员、全国劳动模范的事迹，以及在各个领域刻苦钻研、突破"卡脖子"问题的励志故事。

（5）组织"书香育人 文化润心"系列活动，感受传统文化的魅力与精神力量。

二、突出实践创新，构建多元育人模式

（1）通过贯通社区内外的志愿实践多元育人模式，让学生在实践中强化固化专业本领、在创业中培养激发创新热情、在社会中感受体悟人生百态，从而坚定自身理想信念，练就过硬本领，自觉担当时代责任。

（2）组织"星火班"开展"年味说发展"活动，用青年视角记录家乡的伟大变革，感受升腾的希望与活力。

（3）走进长春市规划馆，共同参观长春这座城市的发展历程，引导他们立足新发展阶段了解如何贯彻新发展理念。

（4）通过参观考察、志愿讲解等形式，学习红色历史，感悟红色精神，汲取红色力量。

三、注重示范引领，发挥榜样人物力量

积极发挥"星火班"在学院的领学、导学作用，组织党员、入党积极分子、学生骨干在志愿服务、社会活动、科创实践中开展党的二十大精神主题宣讲，当好"播音员"，通过"听、看、讲、传"的立体沉浸式模式，用青年视角讲好中国故事，传播中国声音。

将宣讲成果制作成微课的形式，在各个学生班级以青春之声传递信仰力量。

接下来，数智学院还将充分融合社区、学院、班级团支部、社团等平台和新媒体、互联网等新兴技术，通过"1到44到N"典型育人模式的进一步推广，不断提高"星火班"思想政治育人成效。

【优秀案例五】

"大思政课"背景下大学生社会实践育人模式研究
艺术与设计学院　视觉传达设计2241班

一、活动主题

艺术点亮青春，实践引领成才

二、活动背景

2019年8月，中共中央办公厅和国务院办公厅印发的《关于深化新时代学校思想政治理论课改革创新的若干意见》明确提出："坚持开办思政课，推动思政课实践教学与学生社会实践活动、志愿服务相结合，思政小课堂和社会大课堂结合，鼓励党政机关、企事业单位等就近与高校对接，挂牌建立思政课实践教学基地，完善思政课实践教学机制。"实践育人是新时代下提升思想政治教育质量的重要方式，也是引领大学生成长成才的新任务、新使命。

（一）艺术与设计学院实践育人工作基本情况

艺术与设计学院高度重视学生实践育人工作，学院实践育人工作队伍8人（1名党委副书记，7名辅导员），团委设立社会实践部门，成立学生志愿者协会1个（阳光青年志愿者协会），学生志愿者达300余人，学院在长春市宽城区一心社区、庆丰社区、龙山社区建立大学生社会实践教育基地，其中庆丰社区楼体彩绘工程为省级重点品牌。学院积极响应国家号召，落实学校实践育人各项工作任务，已经形成自己独特的实践育人工作模式。

（二）视觉传达设计2241基本情况

班级共有32名学生，男生7人，女生25人，其中入党积极分子6人，该班级学生专业基本功扎实，动手实践能力较强，在学院社会实践活动中表现突出，参与学校乡村振兴品牌——舒兰市三梁村彩绘文化墙工程并得到多家主流媒体报道。

三、活动目标

（1）落实实践育人助力学生成长成才。

（2）分析学院实践育人不足之处。

（3）探索"大思政课"背景下实践育人模式。

四、活动意义

深入学习贯彻习近平新时代中国特色社会主义思想，全面贯彻党的教育方针，"大思政课"是我国高等教育在落实立德树人根本任务和全面提升思想政治教育工作质量的关键课程和必然要求，而学生社会实践活动是大学生思想政治教育中的关键环节和重要载体，推进思想政治课实践教育和学生的社会实践活动、志愿服务等工作"社会大课堂"有机融合，结合新时代的社会发展特点，把握"大思政课"培根铸魂的着力点，在社会实践活动中帮助学生深刻体会党的创新理论的真理魅力和实践伟力，增强社会实践工作的实效性，有助于达成协同育人的目标。

五、创新与特色

（1）建立"三促三进"工作机制。

（2）形成学院特色实践育人模式。

六、申报基础

1. 学院建强实践育人工作队伍，打造实践育人品牌

学校乡村振兴品牌——舒兰市三梁村彩绘文化墙工程得到多家主流媒体报道，受到一致好评。

2. 班级突出专业技能实践优势，夯实实践育人效果

学生对社会实践活动参与热情高涨，专业成绩较好，社会实践和艺术实践能力强，容易产生认同感和荣誉感，更容易取得实践育人实效性。

七、具体活动流程

1. 带服务进社区，感受社区治理成效

（1）定格印象——让社区治理成效成为艺术品。

（2）我眼中的"美"——开启儿童艺术新视野。

（3）彩色印记——院地共建logo设计活动。

2. 把技能带回家乡，感受时代发展脉搏

（1）我为家乡做设计——社会调研活动。

（2）大美吉林——我印象中的美丽吉林。

（3）带着画笔去农村——走进乡村振兴大舞台。

八、技术路线图（图4-4）

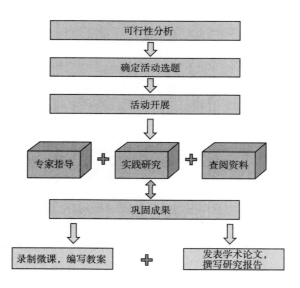

图4-4 艺术与设计学院社会实践育人模式系列活动实施技术路线

九、保障措施

1. 组织机制

（1）艺术与设计学院实践育人队伍（辅导员队伍）。

（2）艺术与设计学院团委社会实践部、阳光青年志愿者协会（学生组织）。

2. 现有条件

（1）学院对接社区三个，已完成校级、省级品牌2个。

（2）专业教师参与，实践效果、质量大幅提升。

十、活动经验与启示

为深入学习宣传党的二十大精神，学习贯彻习近平总书记视察吉林重要讲话重要指示精神，引导青年学生关注吉林发展、参与吉林发展，上好与现实相结合的"大思政课"，在社会课堂中"受教育、长才干、做贡献"。

本研究对艺术与设计学院实践育人工作进行了下一步工作构想，希望能对未来高校实践育人的理论与实践研究起到一定的借鉴作用。

【优秀案例六】

基于"一班一亮点"背景下——如何打造拥有特色寝室文化的班级
电气与信息工程学院　自动化2341班

一、活动主题

寝室特色文化班级建设

二、活动背景及问题

（一）背景

最近几年，我国高校对寝室文化影响大学生身心发展工作非常重视，部分高校正在通过翻新或新建寝室楼来改善学生的住宿环境，管理寝室文化制度也在不断完善，但是仍存在寝室管理不彻底、不全面等问题，寝室文化管理队伍水平有待提高，在创新方面对于大学生的身心健康教育存在不足，学生的自主意识也有待提高，寝室文化活动等也存在欠缺。

（二）问题

（1）配套不完善。

（2）交流气氛不足。

（3）寝室日常管理不到位。

（4）寝室文化建设创新不够。

（5）寝室成员间的矛盾激化。

（6）实际交流逐渐被网络取代，在出现问题时，无法做到对别人的理解与包容。

（7）寝室之间处理矛盾的方式不妥。

三、活动目标与意义

1. 夯实思想基础，树立正确方向

人生的关键时期就是大学阶段，在迈入大学的同时，学生就已经要进行独立的生活和学习，为了让学生更快地适应大学生活，迅速成为合格的大学生，对于新入学的大学生要进行思想教育的引导、寝室文化建设的指导，使他们正确地认识各项规章制度并自觉遵守，要让每一位学生都意识到自己是寝室的一份子，激发学生的集体团结责任感，树立良好的寝室氛围，齐心协力发展和谐寝室。

2. 健全学生管理制度，引导学生进行自我管理

加强学生的思想政治教育，促进学生做好本职工作。学生团体组织，例如，学生会对于寝室的管理也有重要的作用，必要的时候，学生会的同学可以直接与学生进行交流，帮助学生树立正确的观念，督促学生学习各项管理规定，学生会也可以协助辅导员落实寝室文化的相关规定。总之，提高学生思想觉悟与寝室文化建设有着密不可分的关系，还可以促进学生积极参与寝室管理。

3. 开展多样的文化活动，加强寝室文化管理

多样的寝室文化活动是提升寝室文化的重要途径，建设充满活力、高效、健康的寝室文化环境，对于正处于身心发展最重要时期的大学生尤为重要。现在的青年大学生有着创新的思维、充沛的精力，且现在学生受到网络科技文化的影响，对于实际寝室活动参与热情并不高涨。因此，高校在提高学生寝室文化教育建设方面，可以开展有趣、创新且多种形式的团体活动，比如，寝室文化创新设计节、寝室内部设计大赛、最文明的寝室大评选、寝室成员整洁床位大比拼等，培养学生的团结凝聚力、自我创新意识，营造出一种和谐的气氛，激励每一位学生热爱自己的寝室，树立良好的责任心。

4. 完善各项管理制度

在寝室管理方面设定有效的管理制度，从而提高管理效率，树立寝室管理人员在学生管理过程中的威信。另外，经常进行寝室卫生检查，将评分标准做到统一，在通报检查方面要做到公平、公正、公开，促进学生们注重寝室卫生环境，在院系学生会之间进行寝室卫生大检查也是进行寝室文化和卫生建设的有效手段。另外，也可将学生或寝室管理员组成检查小组，对各个寝室进行深入检查，通过此项检查对学生管理寝室卫生起到促进作用。还可以进行文明寝室评选，评选出最佳文明寝室，对其进行奖励，如发放流动红旗、奖状、综测加分等。通过各种评比发放奖励提高学生在寝室卫生等方面的积极性，这对寝室文化和卫生建设起到了极大的推动作用。

5. 提高寝室管理员水平，促进学生身心健康

寝室管理员的文化素质对管理寝室的水平有着直接的影响。在用人方面，选择寝室管理员时对其学历、素质、事业心和职业道德都应该进行严格的把关，寝室管理人员要做到有耐心，爱学生且深入学生。首先，寝室管理人员应积极充分地了解学生在寝室中的生活方式和思想状况，为学生解决困难提供帮助。其次，寝室管理人员应接受专业水平和技能的培训，通过进行短期的课程培训班、心理教学、道德修养、管理能力等方式方法，提高学生的心身健康；最后，针对学生的日常活动、生活起居、生活管理、心理健康、身心健康等方面，也可借鉴其他院校有经验的管理方法，将好的方法融入日常学生管理工作中，为寝室管理人员树立培养学生身心发展的意识，加强与学生之间的沟通，并听取学生之间的意见与建议，做好寝室的管理工作。

6. 寝室分配管理的多种方式

在学校寝室分配管理这件事上，大部分学校都采取随机分配的方式。这种分配方式既然存在就一定有它存在的道理，这样可以有效地减少管理工作者的负担。但是它的不合理之处在于可能会导致来自不同地方、不同作息时间、不同生活方式、不同兴趣爱好的同学，在同一个寝室并不能好好相处，很可能导致寝室成员之间的关系不和睦，从而对加强寝室文化建设有一定的阻碍，不利于学生的身心发展。有些高校为了降低寝室不和睦的可能性，采应用了一种新的分配方式，首先让学生们填写调查问卷，了解学生的生活习性，学校通过问卷结果将合适的人分配到一个寝室，虽然这种方法增加了学校管理者的前期工作量，但是会避免寝室成员间的矛盾激化。

四、创新与特色

1. 张贴横幅、宣传海报及宣传单

（1）活动内容及报名方式将通过海报形式公布。

（2）在各寝室楼下张贴宣传单，宣传此次活动的具体内容、相关细节及报名方式。

（3）横幅宣传，将横幅悬挂于显著位置。

2. 学院内部宣传

由院学生会层面向各班进行宣传，院生活部进行实际操作。

（1）借助网络平台进行宣传。

（2）将活动海报以电子版形式在网络上进行宣传。

（3）利用寝室楼的灯光打出"寝""室""文""化""月"五个大字，每天打出一字进行宣传，共五天（全程进行摄像）。

五、申报基础

1. 量化分组

实行"一舍一家"建设，由于宿舍间参与程度的不同导致"一舍一家"建设成效有一定程度上的差异。将"一舍一家"建设的相关活动作为参考指标，以活动最终评定结果作为评分依据，将30间目标样本宿舍作为分析对象，进行量化测评。

2. 量化补偿

对于一些参与度很高，积极性很强，但是参与相关比赛成绩不理想的宿舍，利用调查问卷、实地调研等方式进行量化补偿，给予相应加分。

综上，寝室文化建设不仅可以更好地融洽宿舍氛围，浓郁学习气氛，激发宿舍成员的集体荣誉感，而且对个人的人格塑造、个性发展都有积极的促进作用。并且随着时间的推移，同学对于"家"文化的理解会更加深入。例如，寝室成员的自律性增强，在寝室文明和课堂文明方面起到表率作用；学习和参加集体活动更主动，努力为寝室争荣誉；寝室管理常态化趋势较为明显，即使夜间走访，寝室环境也较为整洁干净，做到像爱家一样爱寝室等。

六、具体活动流程

1.活动形式

寝室风格装扮策划。

活动目的：营造寝室文化氛围，促进寝室文化建设。

比赛形式：寝室装扮设计。

美化要求：

（1）寝室设计内容必须积极向上，健康活泼，体现大学生的朝气活力，能体现出寝室成员的共同理想与追求。同时每个寝室出一个代表，介绍寝室装扮设计。

（2）具体形式不限，各寝室可自由确定其内容，体现积极健康的精神风格，突出寝室文化主题及室名。

（3）倡导自制，不提倡购买成品装饰品或墙壁贴画，以卫生简洁为主，每个寝室可利用废品制作手工实用物品，体现专业及寝室文化。

（4）装饰必须遵守寝室管理条例有关规定（如墙壁不能贴不文明的东西及禁止在墙壁上涂鸦，不能铺张浪费）。

2.评比细则

（1）创意（30分）：设计内容新颖。

（2）思想内容（30分）：积极大方，青春活泼。

（3）美观（30分）：颜色鲜明，搭配适中，整体融洽。

（4）寝室名称（10分）：设计名称别致，能体现室内设计的内容和内在精神。

3.活动奖励

设置"文化优秀寝室"20个并颁发奖状（获得称号的宿舍均可在年度星级寝室评比中加分）。

4.寝室文化节展示

（1）活动目的：展示寝室文化，体现当代大学生精神面貌。

（2）展示形式：照片展、科技展、字画展、工图展等。

（3）展示地点：中心操场。

（4）展示内容：

①优秀"室"影展。所需道具：各寝室拍摄一张寝室生活照，另外提供若干张表现当代大学生青春风貌及寝室文化等的照片。

②手工艺展。所需道具：从大一、大二学生处征集自己制作的手工艺品若干件。

③字画展。所需道具：以班级为单位征集优秀书法字画若干张，主要表现当代大学生青春风貌、寝室文化，以及具有机械工程学院特点的绘画。

④科技作品展。所需道具：绳子、夹子若干，优秀手工绘图若干张，CAD绘图若干张。

⑤寝室安全图文展。所需道具：绳子、夹子若干，安全事例、安全标语、手抄报。

⑥邮寄时光。所需道具：同学们许下愿望或写下对室友的祝福放入信封，来年由主办方交还充满祝福的信封。保存期间不会出现任何纰漏。

5. 活动流程

（1）前期工作：

①由策划部讲述本次活动的各项具体细则，阐述说明此次活动的目的及意义。

②由学生会向学校提出申请举办此次活动。

③由宣联部以海报等形式宣传本次活动。

④由寝室管理会向所有人员讲解此次活动的各种细则及特殊情况的应对措施。

⑤由学生会成立组织活动期间管理人员。

（2）活动过程：

①11月15日启动寝室文化节，通知各寝室积极参加活动。

②11月16日开展文明寝室活动。

③11月30日开展寝室文化节展示，并进行寝室文化节布置工作。

④11月30日结束文化节。

（3）活动结束：

①进行活动现场清洁及后勤工作。

②辅导员对此次活动进行总结讨论。

七、活动实施的技术路线图（图4-5）

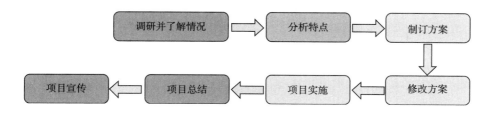

图4-5　电气与信息工程学院打造特色寝室文化活动实施技术路线

八、"寝室文化节"资格赛评分标准

（1）天花板、灯具、墙（10分）：无蜘蛛网、尘吊、污迹，墙壁无明显污损现象。

（2）地面（10分）：地面无纸屑，无杂物，干净清爽。

（3）阳台（10分）：物品摆放整齐有序，无杂乱物品堆放。

（4）卫生间（10分）：无异味，无未洗衣物，墙壁和池内无明显污迹，洗漱用品摆放整齐。

（5）桌凳（10分）：桌凳干净，放置有序，桌上用品摆放整齐。

（6）门窗（含窗台）（10分）：所有门窗完好无损，无污迹，窗户明亮，无大面积污垢。

（7）床、卧具（10分）：床下无脏鞋、杂物，无积灰，物品摆放一条线；床上用品摆放整齐，蚊帐挂放一致。

（8）洗手池（10分）：整齐干净，无水渍、油渍等残留物。

（9）鞋柜（10分）：鞋物摆放整齐。

（10）寝室安全（10分）：包含寝室人员财物安全及贵重物品安全、人身安全、网络安全等方面。

（11）附加分（10分）：寝室文化，主题展示。

九、总结活动经验与启示

（1）丰富校园生活，创造积极的校园文化。

（2）增进学院同学之间的友谊，促进各寝室之间的沟通与交流。

（3）增强寝室各成员之间的合作精神和集体意识。

（4）充分发挥寝室集体以及个人的创新力。

【优秀案例七】

笃学创新争先进，崇师尚学树新风
电气与信息工程学院　电自动化2242班

学风建设中强调的是公平公正、诚实守信、尊师守纪、勤奋踏实。它要求学生在学习、研究和考试中保持真实，不抄袭、不伪造。要求学生树立正确的学习观念。因此本活动准备从"课堂纪律""学习方法""守正创新""文体活动"等多方面开展。

一、活动主题

笃学创新争先进，崇师尚学树新风

二、活动背景

当前，世界正面临百年未有之大变局，时代浪潮滚滚而来。作为身处新时代的青年大学生，我们应培育起新时代的担当和斗争精神。习近平总书记指出，一所学校的校风和学风，犹如阳光和空气决定万物生长一样，直接影响着学生学习成长。学风弥散于无形，作用渗透于不觉。积极向上的优良学风通过集体意志的感染，形成积极的学习状态。当前班级大部分同学在进入大学之后，自主学习能力很强，在课堂上十分积极配合，整体学习状态较好，但是也有极小部分同学上课不认真，参加文体活动不积极。

学风既是一种学习氛围，也是一种群体行为，更是一个班级的灵魂和气质。从广义上讲就是班级同学在治学精神、治学态度和治学方法等方面的风格，也是班级全体同学知、情、意、行在学习问题上的综合表现。所以策划"笃学创新争先进，崇师尚学树新风"活动，匡正学风建设，打造先进班级。

三、活动目标

（1）为促进班级同学勤奋学习、积极向上，争取做到班级零挂科，不挂科的同学争取获得奖学金，旨在提高全体同学的成绩。

（2）培养学生对科研实践的兴趣，以及科学创新的能力。

（3）激发学生积极参加各种文体活动的热情，使学生德智体美劳全方面发展。

四、活动意义

（1）为了打造先进班级助长文明学风，让我们的班级更加和谐、纪律更加严明，把创新的重要性和笃学的意义相结合，提高学生各方面的素质。

（2）推进我班特色学风建设，引领学生思想潮流，调动学生的学习积极性，营造班级学习育人氛围。

（3）以班级特色学风建设引领校园，让同学们正确认识学校的宗旨：建设文明校园、笃学创新、崇师尚学。

（4）增强同学们的互相督促，互帮互助。

五、创新与特色

（1）本班同学积极参加校级排球比赛、篮球比赛等集体活动。立足于班级基础，充分发挥班级优秀同学的积极带动能力。培养学生的自主学习、科技创新和体育运动的能力。

（2）经过同学们一年的不懈努力，本班在第一学期的期末考试通过率高达100％，两学年总平均分均高于68.51，最高平均分为93.26。本班同学学习目标明确，态度认真，大部分同学均达到获得奖学金的资格，除此之外还有一些同学已取得吉林省电子设计大赛、吉林省机器人大赛等各种比赛的奖项。

六、申报基础

（1）集体：在2023年"班对班排球比赛"中获得院级冠军。

（2）个人：2022—2023学年第1学期，班级共获得一等奖学金2个、二等奖学金2个、三等奖学金8个；2022—2023学年第2学期，班级共获得一等奖学金2个、二等奖学金4个、三等奖学金8个（图4-6）。

图4-6 电气与信息工程学院电自动化2242班所获荣誉

七、具体活动流程

（一）学风建设（图4-7）

1. 课堂纪律

课堂纪律是保证教学顺利进行的重要环节。遵守课堂纪律不仅是对自己负责，更是对老师和同学尊重的表现。课堂上学习时间是最应该紧抓和利用的。因此我们通过安排课上座位的方式，让学习稍差的同学在上课时紧邻学习优异和学习积极的同学，以此来起到带动作用，激发学生学习的内动力，使之更好地遵守课堂纪律和学习。组织并开展"远离手机，回归课堂"主题教育活动，活动以辅导员老师领导、班会宣传的形式引领学生们在上课前将手机关机并调成静音，上课时与老师积极互动，认真听讲。

2. 面向全体学生

面向全体学生，是学风建设的重要原则。其基本做法是注重分层次教育引导，在班级各层次的学生之间建立广泛的横向、纵向联系，让全班学生都动起来，共同打造优良学风。

（1）班级里成绩优秀的学生是宝贵的资源，是打造优良学风的重要力量，班级要把这个资源开发好，可采取让一些较为优秀的同学定期开展学习方法交流会的做法，定期分享自己的学习方法，大家一起交流经验。

（2）可以充分利用早晚自习的时间复习学过的知识，将一些老师讲完后依旧不理解的习题写在一张纸上，班级干部统一收好交给学习成绩优秀的同学，在第二天的早自习统一解答。

（3）班级的学生干部要在学风建设中起好先锋模范作用和骨干带头作用。以身作则，不逃课、不挂科，以个体带动整体，抓好全班级优良学风的形成。

3. 紧抓考风考纪

紧抓考风考纪是我国教育部门一直强调的重要工作，旨在维护教育公平、公正，提高考试的信度和效度。考试不仅是对学生知识掌握程度的考察，更是对学生综合素质的考核。为培养学生的诚信意识，端正学生对学习和考试的态度，弘扬诚信正义，树立起与不良风气做斗争的信心与勇气，严格遵守考试规章制度，严肃考试纪律，要营造优良的学风考风氛围，可以要求学生在考试中上交手机等通信设备，安排座位时不让其"扎堆"坐，从根源上杜绝作弊的可能。

学风是大学精神的集中体现，是立德树人的本质要求，是大学生成长成才的关键所在。学风建设是一个长线工作，所以我们要时刻紧抓学风建设工作不能松懈，坚持学风建设营造良好的学习氛围，提高学生的学习效率和素质。通过定期进行学风建设总结，可以激发学生的学习积极性，培养良好的学习习惯和自律精神，从而促进学生的全面发展。

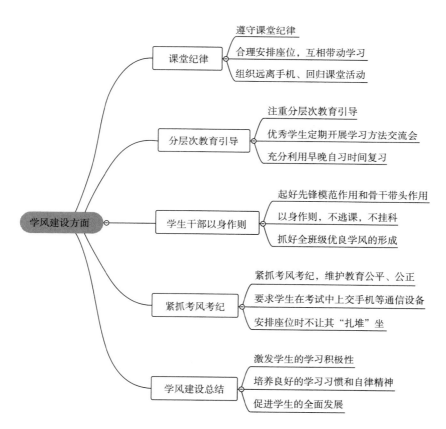

图4-7　电气与信息工程学院电自动化2242班学风建设活动实施技术路线

（二）文体活动（图4-8）

1. 学生干部的先锋模范作用

（1）班级的学生干部要在参加活动方面起好先锋模范作用和骨干带头作用，鼓励班级同学积极参加学校的各种活动，参加文体活动可以帮助同学拓展自己的兴趣爱好，增强自己的综合素质，促进大学生全面发展，从而掀起学风建设的新高潮。

（2）由班长或组织委员在班集体没有课的时候组织一场在班级内部的比赛，例如，排球比赛、篮球比赛、羽毛球比赛等。为班级同学提供更多交流和互动的机会，丰富学生的课余生活，增强集体的凝聚力。

2. 争取活动机会

班级里的学生干部也要多多为班级争取活动机会，比如，学院内部的班对班排球比赛、心理情景剧大赛等。应及时转发学院内的通知，积极号召班级内同学参加。

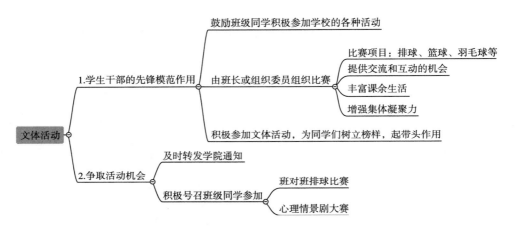

图4-8　电气与信息工程学院电自动化2242班文体活动实施技术路线

（三）科研创新（图4-9）

（1）实践应用。所谓实践出真知，在学生完成理论课的学习后应该与实践相结合。在培养学生动手能力的同时，还要使学习更具有趣味性，极大地增加了学生的学习热情。因此在学风建设中，更应该重视实践应用的重要性。关于实践，可以与实验室等具有实践条件的地方进行合作，让学生在实验室管理人员的监督下使用其仪器进行实践，将理论所学变为实际的动手实践。

（2）项目比赛。班级干部首先要了解都有哪些品牌比赛，积极宣传并带领班级同学参加，让同学们在品牌比赛中更好地学习专业课知识，在实践中进步，发挥自己的才能。

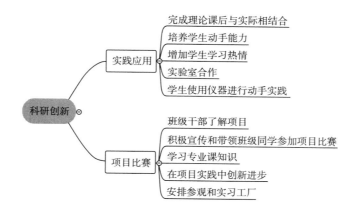

图4-9　电气与信息工程学院电自动化2242班科研创新活动实施技术路线

八、活动实施的技术路线图（图4-10）

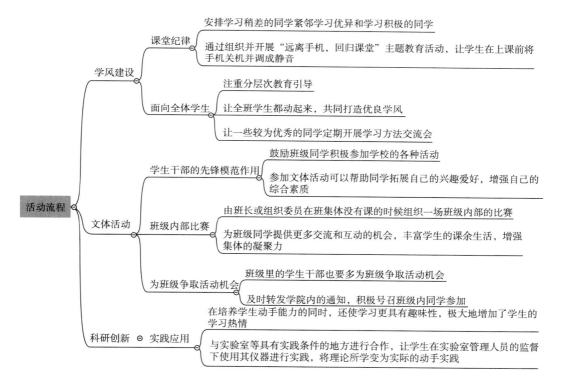

图4-10　电气与信息工程学院电自动化2242班"笃学创新争先进，崇师尚学树新风"
系列活动实施技术路线

【优秀案例八】

师生协同下班级内合作与竞争
生物与食品工程学院　生物2242班

在师生协同学习模式下，一方面推进班级内以班委为核心的"一带多"与班内比拼。充分促进学生思想政治工作建设，促进学风，在班内合作下，推进班级内的比拼，促进彼此成长，相互学习。另一方面充分激发班委能动性和责任感，发挥自身优势与特长，形成辐射面，从而带动周围同学，为师生协同学习提供助力，激发学生参与活动与学习的积极性，形成健康多样的班级氛围。

一、活动主题

师生协同下班级内合作与竞争。

二、活动背景

学院持续推进"三全育人"综合改革建设，并且不断探索师生协同模式下的学风建设新途径。目前班内班委能动性不高，没有起到带头作用，个人优势无处伸展，班内缺乏小组对班级同学进行示范与活动推动作用。班内同学渴望平台与合作，满足自身成长与需求，增强归属感。

三、活动目标与意义

充分激发班级干部的带头作用，给予班级干部展示自我特长的平台，同时带动周围同学以自身形成辐射面，形成"一带多"的学习环境和活动氛围，通过与老师进行交流和建立联系，在班级内形成班内比拼和合作，为学院师生协同学习模式提供活动人才源泉，通过班内学习氛围提升学生学习的主动性和能动性，方便同学与老师或导师形成联系，促进师生协同效果的提升。意义在于不断地提高学生的思想境界，满足学生个人成长要求，凝聚"五爱"教育文化特色，落实立德树人的根本任务。

四、创新与特色

本品牌的创新点一方面在于班级内班委带头形成合作，并且设立班内多项任务的比拼，使班级内部形成一个完整的组织结构，同时提升班级整体氛围与学习的能动性，实现共赢。另一方面，是传统意义上的班委功能和责任灵活化，在满足班委成长需求的情况下，充分满足班级的建设与学院学风培养。

五、申报基础

班级内部已经开展了初步的组织建设和品牌评比，多次举办班委会与班级会议，持续推进品牌建设。在"课前10分钟"演讲、粉笔字书写等活动中对每位同学的作品进行记录，并且将优秀作品展示至班级群。文艺委员与体育委员已经建立了文体小组与专业老师建立联系，不断地努力满足同学们对学校平台资源利用的需求，学委已经建立了初步的学习小组，设立了每日学习计划，在老师的监督下开展英语单词背诵、打卡朗诵等，相互监督。

六、具体活动流程（图4-11）

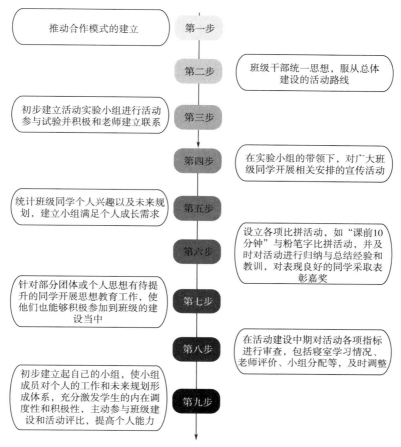

图4-11　生物与食品工程学院生物2242班班级内合作与竞争活动流程

七、活动实施的技术路线（图4-12）

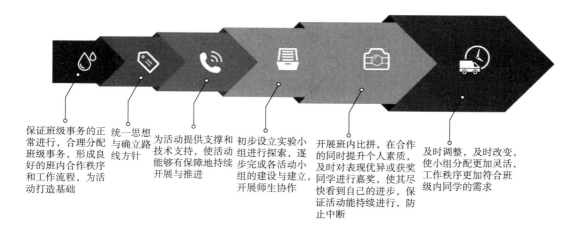

图4-12　生物与食品工程学院生物2242班班级内合作与竞争活动实施技术路线

八、保障措施

第一，学院探索师生协同学习模式与开展师德专题教育工作和"三全育人"综合改革建设为班级发展提供了良好的发展前景和发展思路，班级干部有平台与机会和专业老师对接工作和建立联系。

第二，要充分调度班级干部的能动性，根本是要满足班级干部对自身岗位的充分需求，激发内在进步动力，建立个人的责任感与使命感，充分激发对班级的归属感。

第三，班级同学对班级要求的满足极其重要，要使班级同学在班级当中有展示自我的平台，并且要使班级同学有机会与老师取得联系，为未来就业与成长提供方向和思路，打下良好基础。

第四，合作与竞争并存，在相互进步的同时，使个人不断成长，提高自己的成就感和对自我的信心。

九、总结活动经验与启示

班级内设立属于本班级文化的定制物品，在发展班级文化的同时，提高了学生充分参与班级活动的动力，与各位老师取得联系，打通了从老师到小组负责人到小组成员的大致路线，将单位负责任务上报并公示在班级群内，使班级干部与同学之间相互配合，相互监督，实现共同进步。

【优秀案例九】

别具"艺"格班级教室文化建设评比活动
艺术与设计学院　设计学类2341班

为丰富班级文化内涵，打造良好的育人环境，营造浓厚的班级文化氛围，形成美丽、洁净且富有特色的班级文化，给同学们创设一个舒适、温馨、和谐、多彩的学习环境，吉林工程技术师范学院艺术与设计学院在学校领导的组织安排下，现开展"班级教室文化建设"评比活动。教室设计需体现艺术与设计学院各班级的专业特色，展现艺术与设计学院的风采及特点。此次活动引起了学院的高度重视，学院将紧密结合本院"一院一品牌"活动开展"一班一亮点"活动。

一个班级就是一种文化，一个班级就是一种个性，一个班级就有一种特色。艺术与设计学院应当不断加强学院文化建设，提升办学品位，着力打造班级文化建设，发挥班级文化育人功能，各班级应结合各班级专业特色，积极践行"一班一亮点"。"一班一亮点"作为我校内涵建设的重要抓手，不仅是学校德育的主阵地，也是营造大学生班级文化的体现。各班级结合专业特点，选定主题并设计出班级教室文化建设的实施方案。题材不限，针对班级主题可以进行板报设计、海报张贴设计、设置教室装饰角、学生优秀作品展……分别通过不同班级不同专业，开展教室文化建设评比，以多种形式进行各班级建设成果展示。

"一班一亮点"主题活动充分体现了班集体智慧的结晶，特色班级的创建过程是师生共同成长的过程。特色班级的创建，不仅赋予学生们成长的精神食粮，也是辅导员突破常规工作方法，寻找班级管理新思路和新突破口的有益尝试。老师和学生都在创建特色的过程中得到启发，受到教育，得以发展。

通过这项活动，每一位同学都在为打造优秀的班集体贡献了自己的力量，发挥了各自的潜能，在优秀的班集体中成就更加卓越的自己。

一、活动主题

别具"艺"格班级教室文化建设评比活动

二、活动背景

为加强学校文化建设，促进学校内涵发展，提升学校办学品位，打造学校德育特色，为学生创造一个优良的成长环境，我院决定开展"一班一亮点"校园文化系列活动，打造班级文化成长之品牌，从而促进学校文化建设的螺旋式上升。

以习近平新时代中国特色社会主义思想为指导，全面贯彻党的教育方针，落实立德树人的根本任务，重点开展一系列凝聚"五爱"教育的文化特色、思政教育效果显著、具有示范性和可持续性的大学生思想政治教育精品活动。

习近平总书记指出：要引导青年文艺工作者守正道、走大道，鼓励他们多创新、出精品，支持他们挑大梁、当主角。习近平总书记对艺术青年的谆谆教导和殷切期望是班级学生不断追求的方向。

此次活动，艺术与设计学院将齐心协力铸就班级文化建设活动，带领班级演绎大学青春风采。为培养班级团队凝聚力，艺术与设计学院举办"一班一亮点"班级文化建设评比大赛。

三、活动目标与意义

为促进班级文化建设，营造良好的班级学习氛围，培养学生的集体凝聚力，创建一个温馨和谐的教室环境，特开展班级文化建设评比。

艺术与设计学院结合工作实际和学院班级特点，以"五爱"教育为主题，在学生党建、学风建设、校园文化、网络思政、心理健康教育、资助育人、实践育人、就业创业、公寓管理等方面开展"一班一亮点"活动。根据艺术与设计学院专业特点，对教室进行设计，积极营造浓厚的独一无二的班级文化，发挥环境育人的熏陶作用。做到让"教室说话"，让"墙壁"成为"无声的导师"。

四、创新与特色

此次活动在理论导航的基础上，与艺术与设计学院专业特色相结合，在实践中创新。在"五爱"教育工程实施中，学校注重丰富"五爱"育人内涵，凝聚"五爱"的真挚情感，加强"五爱"育人的氛围营造和文化浸润。

"一班一亮点"是指班级全体成员创造出来的独特的班级文化，是班级内部形成的独特的价值观、共同思想、作风和行为准则的总和，更是班级的灵魂所在，代表着班级的形象，体现了班级的生命力，是班级发展的动力。

活动根据艺术与设计学院别具"艺"格的专业特点，旨在推动"五爱"，将育人转化为自觉行动，达到明理、共情、弘文、力行的育人效果。加强对学生的分类指导和因材施教，切实发挥院系在学生思想政治工作中的重要作用，结合班团活动、专业学习，积极打造"学习课堂"，不断提高学生的参与度，增强学生的获得感，使学生在专业教学中夯实思想基础。

艺术与设计学院秉承创新发展的理念，不断改进和创新教学方法，将实践教学逐步纳入人才培养的目标与计划中，建立了创新的活动体系，促进学生在知识、能力、专业水平等方面的协调发展，探索出符合学院发展特色的文化建设机制。此次活动的创新工作模式使学院建设真正取得实效，为学校高质量发展贡献了力量。

五、申报基础

让学生充分参与到活动中，创建过程中要发动全班学生积极参与，充分吸纳学生意见，调动班级学生的积极性和自主性，通过特色创建达到班级自我管理的目的。

要把"一班一亮点"的创建工作贯穿于本学期的班级工作中，作为一项长期的工作坚持做下去。学院对申报"一班一亮点"的班级实行动态管理，每学期可以更新或对创建班级的情况进行核查，确保创建工作的持续有效开展。

各班在组织日常管理和开展班级活动时，应将"一班一亮点，一班一特色"的创建作为班级管理工作的目标，制订相应的实施方案、具体措施，并组织开展活动。

六、具体活动流程

设计学类、视觉传达设计、美术学、环境设计等设计专业，在设计过程中可以根据已定班级主题和实施方案，在涉及作品色彩、题材、布局等方面，应简洁明雅，通过巧妙的设计，塑造出一个属于不同专业、不同班级特色的艺术世界。

此次活动教室设计题材不限，作品内容要积极向上，设计美观，具有创意。可以结合专业进行设计班级教室，例如，板报设计、海报设计张贴、教室装饰角……可以针对教室布局进行设计，将教室根据区域功能的不同进行空间划分，如绘画区、储物区、作品展示区等；也可以对教室进行造型设计，而且设计时使用格栅造型，能为后期的美术室环境创意打造基础。

各班根据专业特点与学生特长，并结合班集体在日常管理或活动中形成的优势内容，召开班委会进行讨论。在调研论证的基础上确定本班的创建特色，制订相应的创建目标与创建方案（主题名称、口号、具体措施方案），并填写活动方案统计表，经学院学生会和辅导员审查合格后，再进行创建实施。在创建特色班级主题过程中，各班可以选择多个主题，然后从大范围中选取一个点进行特色班级的建设。

活动内容需贴合主题，内容积极向上，需起到积极宣传的作用。活动形式不限，可以在墙面上悬挂学生优秀专业作品、获奖设计海报、专业课学生优秀作业……此外，还可以设置展示板、作品展示框、服装成衣展示角等。其他创意特色，可以根据班级实际情况采取特别化布置，以体现班级特色。

活动开展前，艺术与设计学院辅导员将全面部署，对班级德育组进行规划安排。

活动开展过程中，各班级负责人应当组织班级同学对此次班级文化建设活动进行交流，提出具体、明确的活动要求，设计出一间间有特色的教室，使每个同学走进每个班级，都能感受到不同的氛围。作品中可以体现大学生的成长和风采，浸透催人奋进的班级文化。

活动结束后，辅导员和学生会对此次活动参赛的班级教室设计成果进行评比，活动中的优秀班级或优秀作品由学习部进行德育评分，并对此次活动开展做出点评、指正。评委们应当秉承公平、公正的原则，严格按照德育评比细则评分，按年级评出最美班级，颁奖授牌，对特色班级进行奖励，颁发证书。最后进行成果汇报，组织部分特色班级进行经验介绍，将优秀班级特色建设成果作为宣传班级特色、校园文化特色的窗口，通过自媒体、公众号、网站等方式展示给全校师生。

七、活动实施的技术路线（图4-13）

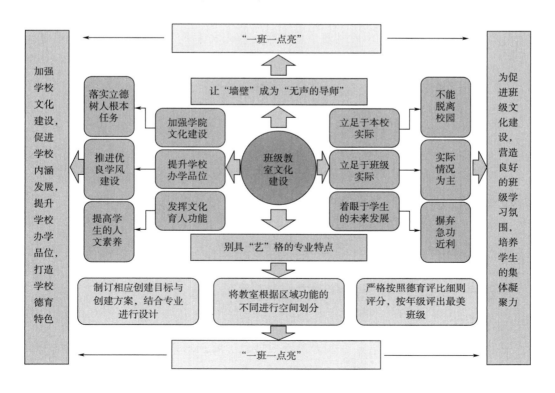

图4-13　艺术与设计学院设计学类2341班教室文化建设活动实施技术路线

八、保障措施

为了把"一班一亮点"创建工作做精、做细、做实，做到有目标、有规划、有过程、有生成，确定创建主题，明确创建方向，应当着重从以下几方面进行：

1. 立足于本校实际

我们要在认真分析活动开展实际情况的基础上，确定专业特色班级主题，制定创建方案。特色班级的创建，要与专业特色结合起来，使之成为学校特色的有机组成部分。一个优秀的特色班级也应该和校园文化主题相一致，不能脱离校园文化主题。

2. 立足于班级实际

创建特色班级既要立足于学校实际，也要立足于班级实际，对于专业内容丰富的班级，可以少数服从多数，选择同一种形式内容，根据班级学生实际情况来创建特色班级。

3. 着眼于学生的未来发展

特色班级的创建，必须以人为本，在这个过程中，我们要摒弃急功近利的思想，不为特色而创特色，不为获奖而创特色，不为名利而创特色。

九、总结活动经验与启示

此次活动，提高了班级集体荣誉感和凝聚力，增强了班级同学之间的交流联系。为进一步推进优良学风建设、发挥学生校园文化建设、建立先进典型的示范作用，努力在校园内营造好学、乐学、善学的氛围，提高学生的人文素养，开拓视野，启迪思想。用艺术之魅力激发灵感，追逐未知，发现新知；在强健体魄、在陶冶情操中永葆朝气与活力。珍惜大学时光，不负韶华，点亮青春，以成就更好的自己。

今后，艺术与设计学院将进一步优化班级管理和育人机制，切实助力大学生成长成才。当代大学生应当端正学习态度，明确学习初心，用心地做好每一件事，向着未来砥砺前行，为艺术与设计行业的发展奉献力量。

希望艺术与设计学院的同学们在未来的学习生活中，能够一直秉持着班级专业文化建设的核心精神，怀揣对生活和学习的热爱，厚积薄发，蓄力启航，弘扬青春正能量！

第六节
"一班一亮点"品牌培育技术路线

"一班一亮点"品牌的培育旨在提升班级特色、增强班级的凝聚力，根据每个班级自身的特点和优势，建立一个或多个特色亮点品牌，通过一系列活动的策划实施，展现班级风采，提升班级的影响力。

一、明确目标与定位

明确"一班一亮点"的总体目标，需要辅导员具有挖掘所带班级特色的能力，结合各个班级的特点、学生的需求和学校整体的教育理念，确定每个班级的独特亮点和品牌定位，设定每个班级的个体目标，培养学生的综合素质。

二、制订培育计划

通过理论研究、调查问卷、案例分析、实地调研、深度访谈等方式了解学生的兴趣爱好、学习状况、心理需求等，基于调研结果，分析各个班级存在的问题与潜在的优势，为"一班一亮点"品牌的培育提供数据支持，再根据各个班级的特点，挖掘亮点，制订周密详细的亮点品牌培育计划，按照计划有序开展各项活动，注重活动的创新性与实效性，确保学生能够参与其中并从中受益。

三、具体培育过程

根据调查结果，总结整理出各学院辅导员的"一班一亮点"项目培育现状，总结品牌培育的成功经验与启示，探究各学院辅导员育人效果，分析在品牌培育建设过程中存在的问题，提出针对性的策略及意见，通过班级标志、班级名称、班旗等方式，营造浓厚的班级文化氛围，召开主题班会、班级文化宣传月等活动，加深学生对班级文化的认可，增强认同感和归属感。在实施活动的过程中，辅导员要加强监督与管理，及时调整偏差，保证班级的活动效果。

四、总结成果阶段

通过问卷调查、访谈、观察等方式，对"一班一亮点"项目品牌培育效果进行评估，针对学生的参与度、满意度、班级的凝聚力等各方面的变化，评估出最后结果，收集师生反馈意见，及时总结经验教训，对"一班一亮点"品牌培育方案及时进行调整和优化。对品牌培育的成果进行持续跟踪和关注，确保品牌效应的持久性。

五、评估流程图（图4-14）

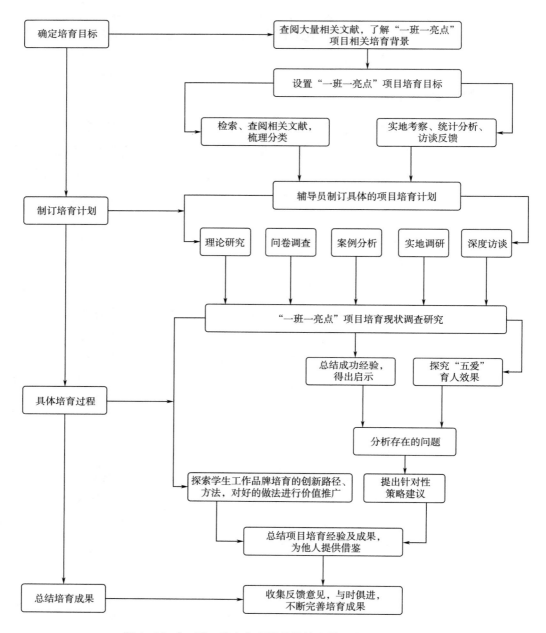

图4-14 "一班一亮点"项目品牌培育效果进行评估流程

第七节
"一班一亮点"品牌培育成果

　　"一班一亮点"品牌的核心就是打造每个班级的独特文化。在这个过程中，班级成员会共同参与到班级文化的建设中，通过集体讨论、共同设计等方式，确定班级的标志、口号、班歌、前进方向等文化元素。这种参与式的文化建设方式，不仅能够增强学生的归属感和认同感，还能够使班级文化更加深入人心。品牌的培育还会推动班级文化的传承和创新。一方面，班级成员会继承和发扬班级的优良传统和文化特色；另一方面，他们也会根据时代的发展和自身的需求，不断创新班级文化的内容和形式，使其更加符合当代大学生的精神追求和审美情趣。通过"一班一亮点"品牌的培育，班级氛围也会得到显著提升。一方面，规范化的班级管理和深入的班级文化建设能够减少学生之间的矛盾和冲突，营造和谐的班级氛围。另一方面，品牌培育还会推动班级成员之间的交流和合作，增强班级的凝聚力和向心力。这种和谐、积极的班级氛围，不仅能够提高学生的学习积极性和创造力，还能够促进学生的身心健康发展。

一、学生的综合能力得到全方面发展

　　"一班一亮点"品牌的培育提高了学生的心理素质与抗压能力，艺术与设计学院形成了系列化实践育人活动品牌，结合心理健康教育工作，辅导员发表了多篇学术论文，出版多部教材、专著，获立省、市、校级教科研品牌多项，产生了系列可视化成果，录制多节心理微课，出品了高质量心理情景剧。对心理委员进行培训，相继有50余名学生获得心理培训合格证书，建立了五级包保制度，确保学生出现心理问题能够第一时间发现并干预。"一班一亮点"品牌通过一系列心理辅导活动，如情绪管理训练、压力应对讲座等，帮助学生更好地认识和管理自己的情绪。这些活动教会学生如何识别并处理负面情绪，如焦虑、压力和抑郁，从而使他们能够在面对困难时保持冷静和理智。通过"一班一亮点"活动，辅导员鼓励学生勇敢面对挑战和压力，而不是逃避。通过模拟压力场景、进行角色扮演等实践活动，学生学会了在压力下保持冷静，并找到解决问题的方法。这种实践经验不仅提高了学生的抗压能力，还增强了他们的自信心和解决问题的能力。"一班一亮点"品牌的培育注重培养学生的积极心态，通过正面的心理暗示、目标设定和自我激励等方法，学生学会了以更积极的心态看待问题和困难。这种积极心态不仅有助于学生在学业上取得更好的成绩，还能帮助他们在面对生活中的挫折时保持乐观和坚强。通过班级团队活动和集体挑战，强化了学生的团队精神和集体荣誉感。在团队中，学生学会了互相支持、鼓励和合作，这种团队氛围有助于减轻个体的心理压力，提高整体的抗压能力。这些技能的提升将对学生的未来发展产生深远的影响，帮助他们

在面对各种挑战时更加从容和自信。

二、班级品牌效应带动专业学科发展

"一班一亮点"品牌通过打造每个班级的独特文化和品牌，使班级在校内外形成了一定的知名度。这种知名度进而会吸引更多的关注和资源，其中包括对专业学科的关注。当一个班级的品牌效应形成后，它所代表的专业学科也会随之受到更多的瞩目，从而提高该学科的知名度。在品牌培育过程中，每个班级都会开展与自身品牌相关的活动。这些活动不仅增强了班级内部的凝聚力，也为学科知识的交流与传播提供了平台。例如，通过举办专业讲座、学术研讨会等活动，可以促进学生之间以及学生与教师之间的学术交流，推动学科知识的深入理解和应用。"一班一亮点"品牌活动鼓励学生进行创新与实践，这与专业学科的发展密切相关。比如，电气与信息工程学院电自动化2244班，利用实验室等实践条件，将理论所学变为实际的动手实践，参与各级各类科技品牌比赛，荣获多项国家级、省级电子设计大赛、机器人大赛专业奖项。班级品牌的实施，往往需要学生运用所学知识解决实际问题，这一过程不仅锻炼了学生的实践能力，也为学科的创新研究提供了思路和方向。通过班级品牌的实践，可以发现学科知识的不足和需要改进的地方，进而推动学科的完善和发展。

在"一班一亮点"品牌的培育下，各个班级之间会形成一定的竞争氛围。这种竞争不仅体现在班级文化的建设上，也体现在对专业学科知识的掌握和应用上。班级之间的竞争会激励学生更加努力地学习学科知识，提升自己在专业领域的素养，从而推动学科的进步。

三、班级管理与文化建设显著提升

在"一班一亮点"品牌的推动下，辅导员和学生会更加注重班级管理的规范性和高效性。班级管理制度会得到完善，包括课堂纪律、考勤制度、奖惩机制等，这些制度的完善能够使班级管理更加有章可循，减少管理过程中的随意性和不确定性。品牌培育还会推动班级管理信息化、数据化的进程。例如，通过建立班级管理信息系统，可以实时掌握学生的出勤情况、学习状况等，从而及时进行干预和指导。这种数据化的管理方式，不仅能够提高管理效率，还能够使辅导员更加精准地了解学生的需求和问题。

第五章
"一人一计划"品牌培育

"一人一计划"品牌的培育重点是关注辅导员职业生涯的发展，辅导员具有教师和管理人员的双重身份，在高校人才培养过程中扮演着重要角色，发挥着不可替代的作用。中华人民共和国成立后，教育部印发了《关于加强对学校思想政治教育的领导》，这成为我国第一个关于学生思想政治教育的政策文件。1951年11月，清华大学牵头通过了《关于全国工学院调整方案的报告》，各个工学院开始试行辅导员制度，设立专人承担思想政治辅导员，这是我国首次提出建立高校辅导员队伍。1952年，教育部下发《关于在高等学校有重点试行政治工作制度的指示》，规定在学校设立政治辅导处，由此，高校辅导员制度正式确立。1953年，从事思想政治工作的干部严重不足，为适应国家需要，清华大学校长蒋南翔向高教部请示设立学生政治辅导员，提出并建立了"双肩挑"思政辅导员制度。1961年、1964年相继出台了《教育部直属高等学校暂时工作条例（草案）》和《关于加强高等学校政治工作和建设政治工作机构试点问题的报告》，明确了辅导员的功能和作用。

第一节
"一人一计划"品牌培育背景

21世纪，高校辅导员制度进入了全面发展阶段。2000年，教育部颁发了《关于进一步加强高等学校学生思想政治工作队伍建设的若干意见》，为辅导员队伍建设提出了指导意见。2004年，中共中央国务院颁发《关于进一步加强和改进大学生思想政治教育的意见》，明确指出辅导员是思想政治队伍的主体。2005年，下发了《关于加强高等学校辅导员、班主任队伍建设的意见》，进一步明确指出辅导员在德育工作中的重要作用，辅导员是高校教师队伍的重要组成部分，是开展大学生思想政治教育的骨干力量，是学生健康成长的指导者和领路人，提出了保障辅导员发展的具体措施。在党和国家的高度重视下，全国各地、各高校纷纷以党中央、教育部出台的各类文件作为指导，以各类会议精神和政策规定为依据，全面加强辅导员队伍建设，保障辅导员队伍可持续发展，标志着我国辅导员制度化建设迈向了新的阶段。

中华人民共和国教育部令第43号明确规定辅导员工作的要求是：恪守爱国守法、敬业爱生、育人为本、终身学习、为人师表的职业守则，围绕学生、关照学生、服务学生，把握学生成长成才规律，不断提高学生的思想水平、政治觉悟、道德品质、文化素养，引导学生正确认识时代责任与历史使命，成为中国特色社会主义合格建设者和可靠接班人。在现实需求和国家政策中，辅导员发挥着越来越重要的作用，作为学校人才培养的重要力量，辅导员的职业生涯规划发展同样起到了关键作用。

一、辅导员职业生涯规划是辅导员队伍建设的重要研究内容

随着中国进入新时代，国家越来越重视辅导员队伍的发展。2013年，教育部印发《普通高等学校辅导员队伍建设规定》（中华人民共和国教育部令第24号），对辅导员未来发展做了顶层设计，辅导员队伍专业化、职业化程度不断加强。但在信息化、全球化的时代背景下，辅导员工作同样面临着多重挑战，越来越复杂烦琐的工作任务导致压力越来越大，对辅导员的时间精力和能力素质要求越来越高。辅导员职业发展贯穿于辅导员职业生涯的全过程，做好职业生涯规划对辅导员未来的发展有着重要的指导作用。"一人一计划"品牌为辅导员做好自己的职业规划提供了平台，在做规划的过程中可以清晰地认识到自己的职业兴趣、优势及不足，确定自己未来的职业目标和发展方向，避免了盲目努力和职业迷茫。

二、吉林工程技术师范学院"一人一计划"品牌培育背景

为深入贯彻落实全国高校思想政治工作会议精神，结合我校辅导员队伍建设和考核要求，学生工作部在全校范围内开展辅导员"一人一计划"品牌创建活动，提出了辅导员发展标准，现就有关事项通知如下：

1. 具体内容

按照辅导员"十个一"的要求，从学习能力"五个一"、工作方法"五个一"、价值引领、党团建设、班级管理、工作实绩、个人发展、二级学院工作等八个维度设立各层级辅导员发展标准，分为合格辅导员、骨干辅导员和专家型辅导员三种类型，建设2024年辅导员个人发展规划。

2. 具体实施

本品牌从2024年3月5日开始实施，各位辅导员就个人发展情况设立个人规划目标

值，填写辅导员2024年个人发展计划表并完成辅导员职业生涯规划报告。

3. 参与人员

全校辅导员，包括各学院副书记、学工办主任、团委书记、辅导员、兼职辅导员、带学生的学团干部。

4. 相关要求

内容翔实，实施过程中有文字图片记录；工作思路清晰、目标明确，本人工作有规划、有总结；此项工作为辅导员年度考核重要内容之一，是评奖评优的重要依据。

第二节
"一人一计划" 品牌培育价值

通过"一人一计划"品牌的培育，辅导员可以明确自己的短期目标、中期目标、长期目标。在品牌实施的过程中，对自己的兴趣、能力、职业期望进行深入地思考、规划，明确自身职业的发展方向，找到适合自己发展的职业路径，避免盲从或效仿他人，更加清晰地认识到自己的优势和劣势，做出更明智的职业选择。兴趣是最好的老师，辅导员可以根据自己的兴趣选择特定的职业发展方向，如心理咨询、职业规划、党团活动等，这样在工作中可以保持高度的热情和投入。通过制订计划，了解自己的特长，如沟通能力、组织协调能力、创新思维等，将特长融入职业发展计划中，使学生工作更加得心应手。将个人的职业发展方向与学校的整体发展方向相融合，可以帮助辅导员更好地定位自己在学校中的角色和价值，实现个人与学校共同发展。

辅导员在撰写计划、规划职业发展方向的同时会及时发现自身在工作中的短板，及时采取措施提升自身的专业能力素养。比如，利用辅导员培训、辅导员沙龙提升自己的业务水平和科研能力，制订学习计划，设立学习目标，系统施行计划，严格按照计划中的实施时间表进行自我管理，最后总结反思自己在工作中的经验和教训。

"一人一计划"品牌的培育，鼓励辅导员积极探索新的工作方法和技术手段，在实施计划的过程中，辅导员需要撰写职业生涯规划报告、辅导员个人成长档案、年度个人发展计划表，总结过去一年个人所获得的各项成果，计划新的一年工作实绩，参与各类实践研究活动，不断积累经验，提高自己发现问题、解决问题的能力。当辅导员能够按照自己的职业规划和发展方向前进，并在工作中取得实际成果时，他们会体验到更大的工作满足感和成就感。这种积极的情感体验有助于提升辅导员的工作积极性和职业忠诚度，从而为其个人发展成长提供持续的动力。

第三节
"一人一计划"品牌培育现状

"一人一计划"品牌的培育重点关注辅导员的职业生涯规划，学界对职业、职业生涯、职业生涯规划、高校辅导员职业生涯规划等含义进行了界定。

一、概念定义

（一）职业的定义

"职业"在《辞海》中解释为"个人在生活中从事的作为生活来源的工作"，在《现代汉语词典》中解释为"个人所从事的作为主要生活来源的工作"。法国职业社会学家李·泰勒认为职业来源于社会分工，是重要的社会现象，是从业人员在特定的环境中从事与其他社会成员相互关联、相互服务的社会活动。卢洁莹认为，从经济学角度来看，职业同样是人们获取物质生活资料的重要手段，职业活动以获取现金或报酬为目的，劳动者承担社会某项具体分工，谋取生活的经济基础。

（二）职业生涯的定义

正如霍德和班那兹（Hood & Banathy）所定义，广义的职业生涯是指个人对社会职业的选择与发展，从中获得职业满足感。狭义的职业生涯是指个人生活与工作相结合的多个方面。邹开敏认为，职业生涯是指从事一种职业时，将自身内在的知识、观念、心理素质、能力、经验、内心感受等进行整合，更多注重于职业所获得的满足感和主观情绪。美国施恩认为，职业生涯是指从事职业时的工作单位、工作环境、工作内容、工作职务与职称、工资待遇等，更多注重于职业的外在因素。

（三）职业生涯规划的定义

职业生涯规划概念最早在20世纪60年代由市场经济较为发达的西方国家提出，对市场趋势进行研究，是人们主动将自己的职业发展与市场经济趋势相结合，使自己在经济社会中获得成功。叶绍灿、蔡静认为，职业生涯规划是指个人发展与社会总体发展相结合，对决定一个人职业生涯的主客观因素进行分析、总结、评估，在此基础上确定一个人的奋斗目标，并选择实现个人奋斗目标的具体职业，制订相应的行动计划，制订好自己每一步的进行时间、顺序和方向，计划每一步实施措施，灵活高校行动，有效提升职业发展所需的各项技能，使自己的事业得到顺利发展，最大程度取得事业成功。总体来说，职业生涯规划即个人根据自身实际情况与所处环境，确定自己的职业目标，选择适合自己的职业道路，采取高效的职业行动，实現最终职业目标的过程。

（四）高校辅导员职业生涯规划的定义

王丽薇认为，高校辅导员职业生涯发展的主要内容包括辅导员职业生涯目标的确定、职业生涯路线的选择、职业技能的获得、职业兴趣的培养、职业素质的提升等方面。高校辅导员职业生涯规划是指在客观分析主客观条件及自身实际情况的基础上，把辅导员个人的发展与学校的发展相结合，确定个人职业发展目标，为实现此目标做好详尽周密的计划安排，其中既包括辅导员个人对自己的个体规划，也包括学校对辅导员的整体规划。个体规划是以实现辅导员个人发展成就最大化为目的，通过对个人兴趣、能力、发展目标进行有效管理，最终实现辅导员职业发展目标。概括来说，高校辅导员职业生涯规划是指在高校大环境下，由辅导员主动实施的、用于提升个人综合实力的系列方法和措施。总体规划是指高校从辅导员个体职业发展需求为出发点，有意识地将辅导员的职业生涯目标与高校的人才培养需求相联系，二者进行协调匹配，为辅导员的职业发展提供广大平台和更多机会，支持辅导员职业生涯规划所实施的各类活动，最大限度调动辅导员工作的积极性。

二、发展现状

（一）辅导员职业定位不明确

辅导员的日常工作较为复杂烦琐，涉及学生方方面面，不仅需要关注学生的日常学习，还要关心其心理健康教育、党团活动发展、毕业就业工作等，许多新入职辅导员刚刚硕士研究生毕业，对所从事的工作内容和工作强度没有清晰的认识，还没有做好身份的转变。在从事辅导员岗位后，经常会出现工作无法得心应手的现象，导致部分辅导员难以适应工作产生离职现象。多数辅导员所学专业非思想政治教育类，部分人员在取得相关资历后选择转岗或跳槽，将辅导员职业身份当作跳板，这种现象导致学生频繁更换辅导员，不利于学生与辅导员之间的沟通，同时，此类现状也不利于学校教学质量的提升。"一人一计划"品牌的实施有助于辅导员及时进行职业定位，避免了不确定的盲从。

（二）辅导员专业职业性不强

辅导员职业要求辅导员具备教育学、心理学、管理学等专业知识，但当前很多辅导员非科班出身，理论基础薄弱，新入职辅导员缺乏工作的实践经验，更多的是靠自己摸索，导致普遍缺乏专业理论知识，且部分辅导员任职后没有得到专业化、职业化的系统培训，专业素质亟待加强。"一人一计划"品牌涉及了辅导员素质能力提升培训内容，对辅导员职业发展规划的学习内容做了系统分类，让辅导员对自己学习能力、工作方法做出系统规划，通过规划树立未来即将达成的目标，逐步增强自身的专业素养。

（三）辅导员职业疲惫现象涌现

初级辅导员面临着职业专业性不强的问题，而中、高级辅导员面临着职业疲惫问题。辅导员烦琐工作日复一日，不仅要处理好日常学生工作，还需要与学校各个机关部门打交道，大量工作的积压使辅导员工作负担与心理负担加重，部分辅导员产生了职业倦怠，不能够正确对待所从事的职业，消极心理日益增强，不能及时完成工作任务，不利于辅导员在所在岗位产生自我实现价值。"一人一计划"品牌的实施通过微观观测点，帮助辅导员梳理工作流程，制订短期目标、中期目标、长期目标，辅导员按照计划实施，可避免工作的挤压，逐步达成小目标，提升成就感。

第四节
"一人一计划"品牌培育目标

"一人一计划"品牌旨在打造一支高素质、专业化的辅导员队伍，为学生的成长成才和高校教育事业的发展提供有力支持。

一、实现辅导员提升业务能力目标

"一人一计划"品牌中包含价值引领、党团建设、班级管理、工作实绩等观测点，设立相应的标准值帮助辅导员建立当年的业务能力提升目标，鼓励辅导员参加各类主题研讨会、培训会，更新拓展专业知识，理论结合实际，掌握必备的科学文化知识，提升自己实际业务能力。

二、实现辅导员提升自身素养目标

"一人一计划"品牌设定了辅导员学习能力"五个一"个人发展目标，其中包含每年阅读期刊报纸、杂志、书籍情况，撰写思政案例情况，发表文章情况等，督促辅导员按期完成计划内容，有助于辅导员在实际工作中积累研究成果。辅导员不仅传授给学生文化知识，更重要的是帮助学生树立正确的世界观、人生观、价值观，这就要求辅导员提升自身素养，有正确的职业观，在教育学生的同时实现提升自我目标。

三、实现辅导员队伍建设创新改革目标

通过"一人一计划"品牌，学校为辅导员制订基础专业发展和培训计划，辅导员根

据自身情况在此基础上填写个人未来一年发展目标，促进辅导员队伍的专业化、职业化，通过设定明确的职业标准和发展路径，为辅导员提供专业发展平台和机会，给予资金和政策的支持，通过达成目标来实现辅导员职业认同感和工作满意度，提高学生工作整体质量。

第五节
"一人一计划"品牌培育内容

吉林工程技术师范学院"一人一计划"品牌内容包含填写辅导员个人年度发展计划详情表、撰写辅导员个人职业生涯规划报告。

辅导员个人年度发展计划详情表共设计了8个维度、45个微观观测点，设定了合格辅导员、骨干辅导员、专家型辅导员3个层级的辅导员学校发展标准，辅导员需在此基础上设立目标，制订本年度个人发展计划，详情见表5-1。

表5-1 吉林工程技术师范学院辅导员2024年个人发展计划

学院名称：＿＿＿＿＿＿＿＿＿＿＿＿＿＿＿　　　　　辅导员姓名：＿＿＿＿＿＿

维度	序号	观测点	各层级辅导员发展标准					
			合格辅导员		骨干辅导员		专家型辅导员	
			学校标准	本人计划	学校标准	本人计划	学校标准	本人计划
学习能力"五个一"	1	每年阅读报纸/文章篇数（篇/年）（18个教学周×2个学期×5天）	≥180		≥200		≥240	
	2	每年阅读期刊杂志本数（本/年）（18个教学周×2个学期）	≥36		≥40		≥50	
	3	每年阅读书籍本数（本/年）	≥9（9个月）		≥10		≥15	
	4	每年撰写思想政治工作案例个数（个/年）	≥2（2个学期）		≥3		≥5	
	5	每年发表文章/著作篇数（篇、部/年）	论文≥1		论文≥2或参编教材、著作≥1		论文≥3或参编教材、著作≥2或出版教材、著作（独著或第一作者）≥1	

维度	序号	观测点	各层级辅导员发展标准					
			合格辅导员		骨干辅导员		专家型辅导员	
			学校标准	本人计划	学校标准	本人计划	学校标准	本人计划
工作方法"五个一"	6	每年进课堂听课次数（次/年）（18个教学周×2个学期）	≥36		≥50		≥60	
	7	每年进寝室走访次数（次/年）（18个教学周×2个学期）	≥36		≥50		≥60	
	8	每年进食堂与学生同进餐次数（次/年）（18个教学周×2个学期）	≥36		≥50		≥60	
	9	每年与专业教师沟通次数（次/年）（18个教学周×2个学期）	≥36		≥50		≥60	
	10	每年召开主题班会次数（次/年）	≥4（4个季度）		≥6		≥8	
价值引领	11	每年开展思想政治类主题活动次数（次/年）	≥4		≥6		≥8	
	12	每年与学生谈话平均次数（次/年）	≥2		≥3		≥4	
	13	每年指导学生学业生涯规划或就业指导次数（次/年）	≥2		≥3		≥4	
	14	毕业班学生毕业去向落实率（%）（非毕业班辅导员不作要求）	≥85		≥90		≥95	
	15	毕业班学生研究生录取率（%）（非毕业班辅导员不作要求）	≥5		≥10		≥15	
党团建设	16	每年开展或参加党支部会议、活动次数（次/年）	≥2		≥3		≥4	
	17	每年开展或参加团支部会议、活动次数（次/年）	≥4		≥6		≥8	
班级管理	18	每年分管班级学生受处分人数（人次/年）	≤2		≤1		0	
	19	每年开展心理健康教育活动次数（次/年）	≥4		≥6		≥8	
	20	建立班级学生档案情况	有		有；齐全		有；齐全规范	
	21	建立心理危机学生心理档案情况（普查结果、约谈结果反馈及后续跟踪内容）	有		有；齐全		有；齐全规范	

维度	序号	观测点	各层级辅导员发展标准					
			合格辅导员		骨干辅导员		专家型辅导员	
			学校标准	本人计划	学校标准	本人计划	学校标准	本人计划
班级管理	22	建立少数民族学生档案情况（无少数民族学生的辅导员不作要求）	有		有；齐全		有；齐全规范	
	23	建立家庭经济困难学生档案情况	有		有；齐全		有；齐全规范	
工作实绩	24	每年分管班级获评优良学风班次数（次/年）	≥1		≥3		≥5	
	25	每年组织学业困难学生帮扶计划和学业预警次数（次/年）	≥2		≥3		≥4	
	26	分管班级学生获评省级及以上个人荣誉/奖励人次（人次/5年）	≥1		≥3		≥5	
	27	分管班级获评校级及以上集体荣誉个数（个/5年）	校级≥1		校级≥3		校级≥4或区级≥1	
个人发展	28	每年参加校级辅导员素质能力大赛及获奖情况（项/年）	参加		获三等奖		获二等奖及以上	
	29	本人获得与学生工作相关的校级及以上各类荣誉情况（次/年）	≥0		≥1		≥2	
	30	每年参加培训（包括网络培训）学时数（学时/年）	≥8		≥12		20	
	31	指导学生竞赛获奖次数（次/5年）	≥0		获三等奖≥1		获二等奖≥1或获三等	
	32	获省级心理健康教育、资助工作、就业、共青团相关工作奖项情况（项/年）	≥0		≥1		≥2	
	33	参加省级思政类论文评选或典型案例个数（个/5年）	≥0		0		≥1	
	34	主持或主要参与（排名前5）科研项目（省部级、市厅级、校级）（个/年）	校级≥1		校级结题≥1		市厅级结题≥1	
	35	申请发明专利、实用新型专利、外观专利、软件著作情况（个/年）	≥2		≥3		≥4	

维度	序号	观测点	各层级辅导员发展标准					
			合格辅导员		骨干辅导员		专家型辅导员	
			学校标准	本人计划	学校标准	本人计划	学校标准	本人计划
个人发展	36	个人创作和产出校级及以上优秀网络文化作品情况（项/年）	≥0		获三等奖≥2		获二等奖≥2或获三等	
	37	指导学生创作和产出优秀网络文化作品情况（项/年）	≥0		获三等奖≥2		获二等奖≥2或获三等	
	38	获取职业技能资格证书（份/5年）	1		2		2	
	39	学工部组织的各种会议、沙龙等活动出席情况（次/年）	≥3		≥5		≥8	
	40	参加辅导员工作室活动并承担相应的工作情况（次/年）	≥1		≥2		≥3	
	41	参加辅导员沙龙并作汇报情况（次/年）	≥1		≥2		≥3	
二级学院工作	42	完成二级学院分派的学生党建团建、学籍管理、档案管理、资助育人、易班建设、心理健康教育、宿舍管理、劳动教育、招生就业、学生奖惩、学生诊改、学生军训、学生组织指导等任务情况						
	43	课程授课（课时/年）	≥30		≥40		≥50	
	44	在线课程录制（课时/年）	≥10		≥20		≥30	
	45	其他工作						

辅导员职业生涯规划报告分为基本信息、职业背景与现状、自我评估与定位、职业目标与发展愿景、环境与资源分析、行动计划与实施方案、总结与反思七个方面。

1. 基本信息

基本信息主要包括辅导员的姓名、性别、所在学院、担任辅导员年限。

2. 职业背景与现状

职业背景与现状具体包括最高学历、专业方向等教育背景、工作经历，作为辅导员所分管学院工作的内容简述，在辅导员岗位上所取得的主要成绩和荣誉，当前的职业困境与挑战，在工作中遇到的主要问题，个人职业发展所面临的瓶颈。

3. 自我评估与定位

自我评估与定位主要包括个人优势：专业能力方面的优势、人际交往与沟通能力方面的优势、组织协调与领导能力方面的优势。待提升能力：需要进一步学习的专业知识和技能、需要加强的个人素质和能力。职业兴趣与价值观：对辅导员工作的热爱程度，个人职业价值观与追求。

4. 职业目标与发展愿景

职业目标与发展愿景包括短期目标（1—2年）：明确短期内想要达到的职业成就、计划采取的行动步骤等。中期目标（3—5年）：在专业领域内期望达到的水平、计划参与的品牌或研究等。长期目标（5年以上）：对未来职业发展的长远规划、期望在教育行业或社会上的影响力等。

5. 环境与资源分析

环境与资源分析包括外部环境：教育行业的发展趋势、辅导员职业的政策支持与社会需求等。内部资源：所在高校提供的职业发展机会、个人可利用的资源与平台等。潜在风险与应对策略：可能影响职业发展的外部因素、应对风险的策略与措施等。

6. 行动计划与实施方案

行动计划与实施方案内容具体包括专业技能提升计划：参加相关培训与学习课程、参与学术研究与实践品牌等。人际网络拓展计划：与同行建立联系与交流、积极参与行业会议与研讨会等。领导力与团队协作培养计划：参与团队管理与领导工作、加强团队协作与沟通能力等。实施时间表与里程碑：规划具体的时间节点、设定可量化的里程碑目标等。

7. 总结与反思

总结与反思部分包括对整个职业生涯规划的简要总结、对未来职业发展的展望与期待、鼓励自己持续努力，不断追求职业成长与进步等。

【优秀案例一】

辅导员职业生涯规划报告
机械与车辆工程学院 于老师

一、基本信息
人物：于老师
所在高校及院系：吉林工程技术师范学院机械与车辆工程学院
二、职业背景与现状
1. 教育背景
最高学历：硕士研究生

专业方向：工商管理（企业管理）

2. 工作经历

（1）辅导员工作主要内容简述：

第一，学生日常管理。自担任2020级材料、工业、车辆、智能、机自本科专业以及机电专科班辅导员，所带学生共337人。通过建立学生台账，了解学生心理状况、学业情况、奖励资助情况、违纪处理情况等。2023年度分别对所带班级进行就业指导、安全教育、心理健康等共召开9次主题班会，完成2023届毕业生就业派遣及档案邮寄等工作。

第二，分管学院学生工作。本人分管学院学生思想政治教育、易班与新媒体建设工作，组织发展工作，并担任学院校友工作联络员。配合学院做好研究生复试资格审核工作，撰写学院2023届毕业生就业工作总结、学院2023年度学工总结及2024年学工计划等。审核新生党员档案材料12人次，组织召开学生支部主题教育和集中学习、毕业生转接、接收预备党员大会、预备党员转正大会等。

第三，师范认证工作。自2022年10月至2023年6月，协助学院开展汽车服务工程师范认证工作，整理相关支撑材料，撰写自评报告第八部分内容。师范认证专家进校期间坚守岗位，住校协助学院完成组织、布置等工作。

第四，教科研工作。2022年10月至2023年6月承担"大学生心理健康""军事理论"两门课程教学，发表两篇省级论文，指导学生参加大学生创新创业训练品牌省级和校级各1项立项，获批2023年校级思想政治科研专项课题1项，2024年吉林省教育厅科研思想政治专项1项，软著1项，与外校教师参与编写教材1本。参加校第六届辅导员大赛荣获一等奖。

综上，不断加强理论学习，进行批评与自我批评。坚守职业道德，努力做到为人师表，身正为范，协助领导及学院完成各项工作任务，不断提高辅导员职业素质与能力。

（2）在辅导员岗位上取得的主要成绩和荣誉有：2023年第六届辅导员素质能力大赛一等奖，2023年度就业先进个人。

3. 当前职业困境与挑战

（1）工作中遇到的主要问题是：2024年是开展高校一站式学生社区建设的关键之年，一站式学生社区建设让辅导员更加了解学生所想、化解学生所虑、回应学生所期、帮助学生所需。这对于打通大学生思想政治工作最后一百米有着重要作用。对于辅导员个体而言，一站式学生社区建设是辅导员关切的问题，也是影响部分辅导员能够坚持走职业化、终身化的重要因素。

（2）个人职业发展面临的瓶颈主要是：就个人而言，需要对思想政治教育理论体系开展进一步学习和研究，提升个人能力，学习教育学、心理学、政治学和哲学的相关内容。结合《普通高等学校辅导员队伍建设规定》新阶段不断探索工作规律，开拓新渠道和新路径的学习方式。对于个人职级和职称的发展目标定位不清晰。同时，需要更全面了解学生、贴近学生、掌握工作规律，需要学习和涉略相关教育学、心理学知识并实践；了解并熟悉所带学生的专业知识体系，对学生开展专业指导。

三、自我评估与定位

1. 个人优势

（1）专业能力方面的优势。本人具备良好的政治素养和理论知识，在思想政治教育的基本理论和方法上具有一定基础。能够运用管理学与心理学知识，对学生进行思想政治教育。在过去两年中一直担任毕业班辅导员，能够有效锻炼个人对学生职业生涯规划与就业指导的能力。及时全面发布就业信息；能开展通用求职技巧指导、就业政策及流程解读等基本就业指导服务工作；具备基本的职业生涯规划能力，能开展就业观、择业观教育。

（2）人际交往与沟通能力方面的优势。能够与学生展开广泛的谈心谈话，性格和善，为人活泼开朗，能够积极耐心解答学生在学业、生活、择业、交友等方面的疑惑。努力成为学生的人生导师和健康成长的知心朋友。

（3）组织协调与领导能力方面的优势。通过关键时间节点，例如，毕业典礼、日常开展党团活动、师范认证工作期间等，以育人为本，树立为人师表的模范作用，尊重学生独立人格和个人隐私，保护学生自尊心、自信心和进取心，促进学生全面发展。

2. 待提升能力

（1）需要进一步学习的专业知识和技能。对于特殊的学生管理事务以及突发事件应急处理方面的经验和能力有待加强，需要不断加强理论学习。

（2）需要加强的个人素质和能力。在辅导学生职业规划过程中，对于政策理解不够透彻，对学生所学专业培养目标了解不够清晰，需要加强学习，以便更好地进行辅导。

3. 职业兴趣与价值观

（1）对辅导员工作的热爱程度。辅导员要提高教育思想高度，深刻领悟习近平总书记的教育思想和教育理念，加强学习习近平总书记关于教育的重要论述，提升大教育观，提高自己的教育理论、教育学说、教育思潮、教育经验、教育信念、教育信条、教育建议、教育主张、教育言论、教育理想等，提高教育水平和育人成效。

（2）个人职业价值观与追求。作为长期奋战在学生工作一线、扎根在育人一线的教育工作者，辅导员每天要在学校、部门、学院各级单位之间，领导、教师、学生不同群体之间，常规、突发、紧急各类事务之间不断沟通、协调、支持、教育、引导等。这对辅导员提出了非常高的要求。在日常工作和生活中，要全面提升个人能力和素养，推动学生全面发展。

四、职业目标与发展愿景

1. 短期目标（1—2年）

能通过日常观察、谈心谈话、问卷调查等方式，收集学生基本信息，了解学生思想动态；能针对学生关心的热点、焦点问题，及时进行教育和引导；能掌握主题教育、个别谈心、党团活动、社会实践活动等思想政治教育的基本方法；能针对学生关注的思想理论热点问题做基本解释；能结合大学生实际，广泛深入开展谈心活动，引导学生养成良好的心理品质和自尊、自爱、自律、自强的优良品格。

了解学生所学专业的基本情况，组织开展专业教育。培养学生学习兴趣，指导学生养成良好学习习惯，规范学生学习方式行为。

能及时把握学生对信息技术的应用趋势；能熟悉网络语言特点和规律；能熟练使用博客、微博及微信等新媒体技术；能及时研判网络舆情。能掌握思想政治教育的基本理论观点；能融入学术团队，运用理论分析、调查研究等方法，归纳分析相关问题。

2. 中期目标（3—5年）

具备丰富的党建团建工作经验与扎实的理论功底；能抓住重大节庆日、重要活动、重要节点，指导党团组织开展主题活动；能指导学生组织开展丰富多彩的校园文化、艺术、体育等活动；能组织开展学院级党校、团校的相关工作。

正确实施各种心理测验量表、问卷，并能在专业人士指导下对结果进行正确解读和反馈；能与求助学生建立良好的信任关系，有效开展心理疏导工作，帮助学生调节情绪；能识别大学生心理危机的症状并进行初步评估，培养学生自我管理、自我救助和朋辈互助的能力。

发表与辅导员工作相关论文8篇，独立承担地厅级课题2项，出版专著1部，获得校级及以上荣誉称号2项。所带班级和学生团体或个人获得市级荣誉称号1项。

3. 长期目标（5年以上）

具备职业指导师资质，能为大学生开展团体职业咨询；能撰写职业指导典型案例，开展职业指导应用性研究，并将研究结果应用到实际工作中；能进行较为客观全面的创业环境、政策、行业前景分析；能建立健全大学生就业指导机构和就业信息服务系统。

参加国际交流、考察和进修深造，主持省部级以上思想政治教育课题或品牌研究；形成具有影响力和推广价值的研究成果，成为思想政治教育领域的专家。

五、环境与资源分析

1. 外部环境

应试教育转向素质教育，传统的公立教育体系强调考试成绩的重要性，忽略了学生社交技能及心理、身体健康等其他方面的教育。目前，许多家长已经意识到这方面的重要性，并开始青睐能够提供更全面素质教育的学校。

专注应用型教育的高等教育机构日益剧增，为了更好满足人才培养及市场需求，国家不断推出利好政策支持本科教育的发展，建立高校分类评估制度，预计未来中国应用型教育的教育机构日益增加。

从客观来说，辅导员的工作本身就涉及大学生的思想、学习、生活、文体、社会实践、就业乃至家庭等方方面面，同时又有一些对学生学习、生活等负有管理职能的部门不能充分履行其相应职责，辅导员不得不成为"代职者"。由于特殊的工作性质，辅导员往往工作做得多、思考得少，工作仅仅停留在初级层面，工作渗透力不强。加之辅导员专业背景多种多样，但是辅导员岗位要求必须掌握心理学、教育学、管理学等综合知识，要具有坚定的政治素质、良好的道德品质、较强的业务能力、较高的文化素质和良好的心理素质，大多数辅导员在理学、心理学等诸多方面还有所欠缺，面对繁杂多样的工作内容、相对较长的工作时间，并未找到很好的工作方法。

2. 内部资源

（1）行政职务晋升：在具备了一定的管理经验和领导能力后，可以逐步晋升至更高层次的行政职务，如学院团委书记、党委副书记、学生工作部其他职位等。

（2）专业职称评定：可以通过参与专业职称评定，提升自己的专业地位和待遇。可以申报思想政治教育系列职称，如助教、讲师、副教授、教授等。

身边有较多思想政治教师及思想政治领域的博士，可以与他们探讨交流。

3. 潜在风险与应对策略

第一，心理压力风险。作为学生心理健康的守护者，常需要面对学生的情绪问题和心理压力，长期下来，可能对自身心理健康产生负面影响。

应对策略：定期进行心理调适，学习心理调适方法，如旅行、运动等，以缓解工作压力，保持心理健康。

第二，辅导员晋升渠道单一、晋升机会小等问题普遍存在。辅导员对自身职业认同度和归属感不高。

应对策略：通过参加培训、学习交流等方式，提升专业素养和能力，增强工作的针对性和有效性，减少职业倦怠感。

六、行动计划与实施方案

1. 专业技能提升计划

积极参加学校相关培训与学习课程，在网上寻找相关课程进行学习。参与学术研究与品牌实践。

2. 人际网络拓展计划

与其他高校同行建立联系与交流，积极参与行业会议与研讨会等。

3. 领导力与团队协作培养计划

第一，汇总工作中的问题和建议，要敢于直接与负责领导、同事沟通；主动承担校院两级各类型工作，从而能接触更多的前辈、同事，拓展工作视野，扩大社交范围。

第二，优化和改进工作用到的范式模板，细化内容以备下次使用；作为工作分管者，要清晰工作思路，章法有度，要明确团队工作目标，有的放矢。

第三，思考提炼类似重复性工作的技巧方法，留意指向信息的采集渠道。无论是对话领导、同事还是学生，大家应该多尝试开放式交流，少一点命令的语意语气。

第四，要说到做到并被人看见，这不是自我营销，而是自我鞭策，往往超出预期的工作结果呈现能够逐渐累积起辅导员个人的好口碑，从而增强个人工作自信，提升工作主动性，亦能影响身边人，形成良好的内循环。

4. 实施时间表与里程碑（表5-2）

表5-2　实施时间表与里程碑

阶段	时间节点	里程碑
第一阶段：职业探索与定位（第1—2年）	第1—6个月	进行自我评估，明确个人兴趣、优势和不足
	第7—12个月	了解辅导员职业的行业动态和发展趋势。了解学校学院基本情况
	第2年	制定初步的职业规划，确定短期和长期目标
第二阶段：能力提升与经验积累（第3—5年）	第3年	参加学校组织的专业培训，积累经验，提升专业知识和技能
	第4年	积极参与学生工作实践，提升工作能力
	第5年	积极参与辅导员大赛、各类省级比赛与活动，丰富个人经历，提高业务水平
第三阶段：专业深化与拓展（第5—6年）	第5年	持续开展学术研究，发表较为优秀学术论文，提升学术影响力
	第6年	探索专业化发展路径，深化心理咨询师、职业规划师等专业技能的提升
第四阶段：管理与领导能力培养（第7—8年）	第7年	参与团队管理工作，提升团队协作能力
	第8年	在有可能的基础上承担更高级别的管理职责，争取培养领导才能，培养立德树人才能

七、总结与反思

在个人职业生涯规划中，始终坚持育人为本，教学相长，不断提高个人综合素质和业务水平，扎实地在辅导员职业道路上一步一个脚印，踏踏实实前进。

1. 总结与反思

在做好个人职业生涯规划过程中，仍然存在不足之处。辅导员进行职业角色转换后，加强专项技能培训和开发，注意总结工作中的得失与效果。完善或修订职业生涯规划目标，开通职业生涯规划的职业通道，明确实现职业生涯目标的路径。

2. 展望

在未来的职业生涯中，我将一如既往地踏实工作，并且不断吸纳更多的精神力量，汲取优秀前辈的先进工作经验。

辅导员要努力成为学生的人生导师和知心朋友，这也是辅导员职业的最高境界。

首先要修德，在学生管理工作中，不仅要以自己的知识技能去影响学生，更要以自己的道德修养来影响学生。其次，要不断加强学习，具备宽口径知识、思想政治教育知识、班级管理实务和法律知识等。最后，还要具备对思想政治教育、学生管理工作的研究能力，把辅导员工作经历变成经验，把经验做成课程，把课程打造成品牌，也就是把经验上升为理论。

辅导员的职业生涯规划是一名辅导员合理规划自身生涯的一项科学工作。尽早地进行辅导员的职业生涯规划，是对一名辅导员负责的工作，也是一名能在专业化、职业化道路上长期发展的辅导员必须重视和思考的工作。不忘的是初心，评估的是信心，表达的是决心。辅导员是一项值得为之一生奋斗的事业，无论前路有多艰辛，我都将继续秉承"坚韧且执着，博学以济世"的工作态度，在辅导员生涯之路上悍然前行。

2024年个人发展计划表如表5-3所示。

表5-3 机械与车辆工程学院辅导员于老师2024年个人发展计划

学院名称：机械与车辆工程学院　　　　　　　　　　　　　　　　辅导员：于老师

维度	序号	观测点	各层级辅导员发展标准					
			合格辅导员		骨干辅导员		专家型辅导员	
			学校标准	本人计划	学校标准	本人计划	学校标准	本人计划
学习能力"五个一"	1	每年阅读报纸/文章篇数（篇/年）（18个教学周×2个学期×5天）	≥180		≥200	200	≥240	
	2	每年阅读期刊杂志本数（本/年）（18个教学周×2个学期）	≥36		≥40	40	≥50	
	3	每年阅读书籍本数（本/年）	≥9（9个月）		≥10	10	≥15	

维度	序号	观测点	各层级辅导员发展标准					
			合格辅导员		骨干辅导员		专家型辅导员	
			学校标准	本人计划	学校标准	本人计划	学校标准	本人计划
学习能力"五个一"	4	每年撰写思想政治工作案例个数（个/年）	≥2（2个学期）		≥3	3	≥5	
	5	每年发表文章/著作篇数（篇、部/年）	论文≥1		论文≥2或参编教材、著作≥1	论文2	论文≥3或参编教材、著作≥2或出版教材、著作（独著或第一作者）≥1	
工作方法"五个一"	6	每年进课堂听课次数（次/年）（18个教学周×2个学期）	≥36		≥50	50	≥60	
	7	每年进寝室走访次数（次/年）（18个教学周×2个学期）	≥36		≥50	50	≥60	
	8	每年进食堂与学生同进餐次数（次/年）（18个教学周×2个学期）	≥36		≥50	50	≥60	
	9	每年与专业教师沟通次数（次/年）（18个教学周×2个学期）	≥36		≥50	50	≥60	
	10	每年召开主题班会次数（次/年）	≥4（4个季度）		≥6	6	≥8	
价值引领	11	每年开展思想政治类主题活动次数（次/年）	≥4		≥6	6	≥8	
	12	每年与学生谈话平均次数（次/年）	≥2		≥3	3	≥4	
	13	每年指导学生学业生涯规划或就业指导次数（次/年）	≥2		≥3	3	≥4	
	14	毕业班学生毕业去向落实率（%）（非毕业班辅导员不作要求）	≥85		≥90	90	≥95	
	15	毕业班学生研究生录取率（%）（非毕业班辅导员不作要求）	≥5		≥10	10	≥15	
党团建设	16	每年开展或参加党支部会议、活动次数（次/年）	≥2		≥3	3	≥4	
	17	每年开展或参加团支部会议、活动次数（次/年）	≥4		≥6	6	≥8	

维度	序号	观测点	各层级辅导员发展标准					
			合格辅导员		骨干辅导员		专家型辅导员	
			学校标准	本人计划	学校标准	本人计划	学校标准	本人计划
班级管理	18	每年分管班级学生受处分人数（人次/年）	≤2		≤1	1	0	
	19	每年开展心理健康教育活动次数（次/年）	≥4		≥6	6	≥8	
	20	建立班级学生档案情况	有		有；齐全	有	有；齐全规范	
	21	建立心理危机学生心理档案情况（普查结果、约谈结果反馈及后续跟踪）	有		有；齐全	有	有；齐全规范	
	22	建立少数民族学生档案情况（无少数民族学生的辅导员不作要求）	有		有；齐全	有	有；齐全规范	
	23	建立家庭经济困难学生档案情况	有		有；齐全	有	有；齐全规范	
工作实绩	24	每年分管班级获评优良学风班次数（次/年）	≥1		≥3	3	≥5	
	25	每年组织学业困难学生帮扶计划和学业预警次数（次/年）	≥2		≥3	3	≥4	
	26	分管班级学生获评省级及以上个人荣誉/奖励人次（人次/5年）	≥1		≥3	3	≥5	
	27	分管班级获评校级及以上集体荣誉个数（个/5年）	校级≥1		校级≥3	校级3	校级≥4或区级≥1	
个人发展	28	每年参加校级辅导员素质能力大赛及获奖情况（项/年）	参加		获三等奖	获一等奖	获二等奖及以上	
	29	本人获得与学生工作相关的校级及以上各类荣誉情况（次/年）	≥0		≥1	1	≥2	
	30	每年参加培训（包括网络培训）学时数（学时/年）	≥8		≥12	12	20	
	31	指导学生竞赛获奖次数（次/5年）	≥0		获三等奖≥1	获三等奖1	获二等奖≥1或获三等奖	
	32	获省级心理健康教育、资助工作、就业、共青团相关工作奖项情况（项/年）	≥0		≥1	1	≥2	

维度	序号	观测点	各层级辅导员发展标准					
			合格辅导员		骨干辅导员		专家型辅导员	
			学校标准	本人计划	学校标准	本人计划	学校标准	本人计划
个人发展	33	参加省级思政类论文评选或典型案例个数（个/5年）	≥0		0	0	≥1	
	34	主持或主要参与（排名前5）科研项目（省部级、市厅级、校级）（个/年）	校级≥1		校级结题≥1	校级结题1	市厅级结题≥1	
	35	申请发明专利、实用新型专利、外观专利、软件著作情况（个/年）	≥2		≥3	3	≥4	
	36	个人创作和产出校级及以上优秀网络文化作品情况（项/年）	≥0		获三等奖≥2	获三等奖2	获二等奖≥2或获三等奖	
	37	指导学生创作和产出优秀网络文化作品情况（项/年）	≥0		获三等奖≥2	获三等奖2	获二等奖≥2或获三等奖	
	38	获取职业技能资格证书（份/5年）	1		2	2	2	
	39	学工部组织的各种会议、沙龙等活动出席情况（次/年）	≥3		≥5	5	≥8	
	40	参加辅导员工作室活动并承担相应的工作情况（次/年）	≥1		≥2	2	≥3	
	41	参加辅导员沙龙并作汇报情况（次/年）	≥1		≥2	2	≥3	
二级学院工作	42	完成二级学院分派的学生党建团建、学籍管理、档案管理、资助育人、易班建设、心理健康教育、宿舍管理、劳动教育、招生就业、学生奖惩、学生诊改、学生军训、学生组织指导等任务情况						
	43	课程授课（课时/年）	≥30		≥40	40	≥50	
	44	在线课程录制（课时/年）	≥10		≥20	20	≥30	
	45	其他工作						

【优秀案例二】

辅导员职业生涯规划报告

数据科学与人工智能学院　朴老师

一、基本信息

人物：朴老师

所在高校及院系：吉林工程技术师范学院数据科学与人工智能学院

二、职业背景与现状

1. 教育背景

最高学历：硕士研究生

专业方向：农学

2. 工作经历

2010年7月参加工作，任吉林工程技术师范学院思想政治辅导员，2016年1月任教务处招生科科长，2022年3月至今任数据科学与人工智能学院党总支副书记（2023年赴吉林省教育厅挂职锻炼）。曾获吉林省大中专学生志愿者暑期"三下乡"社会实践活动先进个人、长春市"高校文明杯"军（警）民共建先进工作者、学校辅导员技能大赛一等奖、学校毕业生就业工作先进个人、学校年度先进个人等荣誉称号，疫情防控突出贡献者。

3. 当前职业困境与挑战

（1）还没有形成政治合格、业务过硬的学生党员骨干队伍。由于辅导员队伍整体比较年轻，对学生党员骨干的相关指导不够，学生党员团队核心竞争力不强。

（2）对学生骨干队伍培训还不够。一般性的整体培训较多、有针对性的培训较少，讲座式的培训较多、专题性的培训较少，理论培训较多、实践培训较少。

（3）学生党员骨干队伍建设质量有待提高。学生党支部在服务型党组织建设上有所收获，实际开展了一系列工作，但距离目标要求还存在一定差距，持续、深入性工作还不够多，服务型党组织的机制和体系仍需完善。

（4）网络思想政治育人体系不够完善。育人质效还不够高，还没有形成高质量的网络文化作品和网络思想政治成果，易班工作室建设还处于起步阶段。

三、自我评估与定位

1. 个人优势

（1）辅导员职业技能方面：具备较为丰富的学生工作经验，能够根据不同学生特点进行有针对性的指导；具备处理各种危机事件的能力。

（2）人际交往与沟通能力方面：能够有效地调解和解决学院内部因工作意见与想法不一而出现的各种冲突和矛盾，维持学院的稳定秩序与和谐发展态势；能够与各方群体建立良好的人际关系，从深层次上建立信任与合作，以促进学院内部的良好发展。

（3）组织协调与领导能力方面：参与制定学院的发展规划、党建工作与学生工作的相关计划，并负责组织、协调和推动落实，确保工作按时完成并达到预期目标。在学院的决策过程中，能够运用自己的判断和分析能力，并根据实际情况做出决策，有较强的决策能力和管理技巧，面对复杂的问题与挑战，能够有效地处理并予以化解。

2. 待提升能力

（1）加强学习与知识更新：通过继续学习，参加职业能力技术培训和相关学术活动，不断更新自身知识储备，提升个人能力，适应学生管理相关行业的发展和党建工作的最新动态。

（2）加强团队管理与激励：了解团队成员的需求和内在潜力，完善团队管理能力和激励机制。有针对性地为团队成员提供支持和指导，激励成员发挥个人特长、提高个人业绩、提升个人素质，增强团队协作能力，达到以个人成果推动团队发展的良好效果。

3. 职业兴趣与价值观

（1）对辅导员工作的热爱程度：辅导员是学生发展的组织者、实施者和指导者。作为一名辅导员，我时刻秉承"以学生为本"的工作理念，将学生的利益放在首位。在工作中，愿意花费时间和精力与学生建立良好的关系，倾听他们的关注和困扰，并提供相应的支持和指导；愿意为学生的个人发展全力以赴，为他们提供全方位的教育和帮助，推动学生完成学业目标，实现个人价值。

（2）个人职业价值观与追求：坚持专业精神与职业道德为首位，将立德树人视为自己的崇高使命，并为之不懈努力；秉持公平、公正的原则对待每一位学生，推动教育环境的绿色发展；不断提升独立思考、分析问题与管理决策的能力，以在复杂的工作环境中保持坚定的原则和判断；追求卓越，不断挑战自我并追求职业上的突破，为学院和学生的发展做出更大的贡献。

四、职业目标与发展愿景

1. 短期目标（1—2年）

以打造省级"样板党支部"为目标，在学院党总支的领导下，加强学生支部的组织建设和党员队伍的培养，增强党建工作的实效性和影响力。

2. 中期目标（3—5年）

以推动教育教学质量的提升和创新为目标，全面加强学院学风建设。

3. 长期目标（5年以上）

在教育行业中建立良好的声誉和影响力，成为学生管理专业领域的专家型辅导员。

五、环境与资源分析

1. 外部环境

随着信息技术的迅速发展，融媒体时代已经到来。互联网的普及和应用使信息传播的速度越来越快，范围越来越广。对于高校学生来说，网络已经成为他们获取信息、交流思想、娱乐休闲的重要渠道。然而，网络信息的复杂性和开放性也给高校辅导员的思想政治工作带来了新的挑战。如何在融媒体时代有效地开展网络思想政治工作，引导学生树立正确的世界观、人生观和价值观，是当前辅导员工作面临的重要任务之一。

2. 内部资源

学校十分重视思想政治教育工作和辅导员队伍建设，辅导员职业发展有着非常好的内部环境。学校相关机制的有效引领和学工部制定的系列措施，使辅导员工作从主要从事繁杂的事务性工作逐步转向"思想政治教育"这一本职。另外，学校办公"一站式服务大厅"、学生公寓"一站式社区"、易班、心理咨询中心等机构的逐步完善使相关工作更成体系；辅导员微课、辅导员技能大赛、"一院一品牌""一人一特色""一人一规划"等工作的推进，使辅导员队伍的发展目标更明确，有着更多展现自我的平台。

3. 潜在风险与应对策略

（1）潜在风险：一是教育环境的挑战。由于传统观念的束缚，很多部门、人群甚至学生家长对思想政治教育的意识相对淡薄，对辅导员工作的定位理解有偏差，辅导员队伍的稳定性相对较弱。二是教育对象的挑战。学生群体已经迈进"00后"的学生时代，一系列的新问题层出不穷。

（2）应对策略：一是明确辅导员角色定位。明确辅导员的角色是提高辅导员工作实效性的前提和基础。辅导员本身要以思想政治教育工作为立足点，大力加强思想政治教育建设。同时，学校也必须理顺辅导员与本校机关各个职能部门之间的工作关系，明确辅导员与班主任、院系办公室、行政、党务及学校各职能部门的职责。不能凡是与学生有关的事情都找辅导员，要使辅导员从繁重琐碎的日常事务性工作中解脱出来，有更多的时间和精力对学生的情况进行研究，更好地发挥其思想政治的职能，总结实际工作中的经验，探索大学生思想政治工作的规律，切实搞好学生的思想政治教育工作。二是严格自律，发挥榜样作用。俗话说，打铁还需自身硬。辅导员作为大学生学习生活的指导者和引路人，只有首先确保自身的素质，才有可能用自己的思想、言行和学识，通过榜样示范的方式去影响学生、管理学生、规劝学生。

六、行动计划与实施方案

1. 专业技能提升计划

（1）参加相关培训与学习课程：密切关注教育行业的最新发展趋势和前沿知识，参加相关的职业技能培训课程以提升个人能力。包括党建相关理论、辅导员工作技能与实践相关知识、学生管理与心理教育等方面的培训。

（2）参与学术研究与实践品牌：积极参与学术研究并申请相关实践品牌，拓展专业技能和视野。参与科研品牌、发表学术论文，加强学院学生工作的深度和广度。

2. 人际网络拓展计划

（1）与同行建立联系与交流：积极走访调研，与同行建立联系，分享经验。通过交流与合作，拓展人际网络，促进学院学生工作的良好发展。

（2）积极参与行业会议与研讨会：参加行业内的重要会议和研讨会，分享团队与个人的成功经验和做法，与其他校、院进行交流与合作。借助这些平台，扩大团队的影响力和声誉。

3. 领导力与团队协作培养计划

（1）参与团队管理与领导工作：主动申请参与学院内部团队管理和领导工作，积累相关经验和能力，提升个人的领导能力和管理技巧。

（2）加强团队协作与沟通能力等：注重与团队成员的密切配合和沟通，提高团队协作能力和解决问题的能力。通过开展团队建设活动，建立良好的氛围和合作机制。

4. 实施时间表与里程碑

本年度完成职业规划和目标设定，对团队与个人今后的发展进行初步的构建；详细"1+党建+N"基层党建品牌任务指标，以培育省级样板支部为依托，设计并开展特色活动；完善提升"数智青年"网络思想政治一体化平台，打造10部高质量网络文化作品。

七、总结与反思

将以服务学生为己任，以党建工作为引领，以团队与个人的良好发展为目标，实现个人价值的最大化。通过不断学习、交流、反思，提升自身专业技能和领导能力，努力成为有影响力的党务管理者、学生管理工作者和学院发展的推动者。将积极主动地寻求学习和发展机会，与优秀的同志进行交流与合作，不断拓宽自己的视野，提高自身能力。通过持续的努力和奋斗实现自己的职业目标，并为学校和学院的良性发展做出应有贡献。

2024年个人发展计划如表5-4所示。

表5-4　数据科学与人工智能学院辅导员朴老师2024年个人发展计划

学院名称：数据科学与人工智能学院　　　　　　　　　　　　　　辅导员：朴老师

维度	序号	观测点	各层级辅导员发展标准					
			合格辅导员		骨干辅导员		专家型辅导员	
			学校标准	本人计划	学校标准	本人计划	学校标准	本人计划
学习能力"五个一"	1	每年阅读报纸/文章篇数（篇/年）（18个教学周×2个学期×5天）	≥180		≥200		≥240	240
	2	每年阅读期刊杂志本数（本/年）（18个教学周×2个学期）	≥36		≥40		≥50	50

维度	序号	观测点	各层级辅导员发展标准					
			合格辅导员		骨干辅导员		专家型辅导员	
			学校标准	本人计划	学校标准	本人计划	学校标准	本人计划
学习能力"五个一"	3	每年阅读书籍本数（本/年）	≥9（9个月）		≥10		≥15	15
	4	每年撰写思想政治工作案例个数（个/年）	≥2（2个学期）		≥3		≥5	5
	5	每年发表文章/著作篇数（篇、部/年）	论文≥1		论文≥2或参编教材、著作≥1		论文≥3或参编教材、著作≥2或出版教材、著作（独著或第一作者）≥1	论文3篇
工作方法"五个一"	6	每年进课堂听课次数（次/年）（18个教学周×2个学期）	≥36		≥50		≥60	60
	7	每年进寝室走访次数（次/年）（18个教学周×2个学期）	≥36		≥50		≥60	60
	8	每年进食堂与学生同进餐次数（次/年）（18个教学周×2个学期）	≥36		≥50		≥60	60
	9	每年与专业教师沟通次数（次/年）（18个教学周≥2个学期）	≥36		≥50		≥60	60
	10	每年召开主题班会次数（次/年）	≥4（4个季度）		≥6		≥8	8
价值引领	11	每年开展思想政治类主题活动次数（次/年）	≥4		≥6		≥8	8
	12	每年与学生谈话平均次数（次/年）	≥2		≥3		≥4	4
	13	每年指导学生学业生涯规划或就业指导次数（次/年）	≥2		≥3		≥4	4
	14	毕业班学生毕业去向落实率（%）（非毕业班辅导员不作要求）	≥85		≥90		≥95	
	15	毕业班学生研究生录取率（%）（非毕业班辅导员不作要求）	≥5		≥10		≥15	

| 维度 | 序号 | 观测点 | 各层级辅导员发展标准 | | | | | |
| | | | 合格辅导员 | | 骨干辅导员 | | 专家型辅导员 | |
			学校标准	本人计划	学校标准	本人计划	学校标准	本人计划
党团建设	16	每年开展或参加党支部会议、活动次数（次/年）	≥2		≥3		≥4	4
	17	每年开展或参加团支部会议、活动次数（次/年）	≥4		≥6		≥8	4
班级管理	18	每年分管班级学生受处分人数（人/年）	≤2		≤1	≤1	0	
	19	每年开展心理健康教育活动次数（次/年）	≥4		≥6		≥8	8
	20	建立班级学生档案情况	有		有；齐全		有；齐全规范	有；齐全规范
	21	建立心理危机学生心理档案情况（普查结果、约谈结果反馈及后续跟踪）	有		有；齐全		有；齐全规范	有；齐全规范
	22	建立少数民族学生档案情况（无少数民族学生的辅导员不作要求）	有		有；齐全		有；齐全规范	有；齐全规范
	23	建立家庭经济困难学生档案情况	有		有；齐全		有；齐全规范	有；齐全规范
工作实绩	24	每年分管班级获评优良学风班次数（次/年）	≥1	1	≥3		≥5	
	25	每年组织学业困难学生帮扶计划和学业预警次数（次/年）	≥2		≥3		≥4	4
	26	分管班级学生获评省级及以上个人荣誉/奖励人次（人次/5年）	≥1		≥3		≥5	5
	27	分管班级获评校级及以上集体荣誉个数（个/5年）	校级≥1		校级≥3		校级≥4或区级≥1	校级4次
个人发展	28	每年参加校级辅导员素质能力大赛及获奖情况（项/年）	参加	参加	获三等奖		获二等奖及以上	
	29	本人获得与学生工作相关的校级及以上各类荣誉情况（次/年）	≥0		≥1	1	≥2	

维度	序号	观测点	各层级辅导员发展标准					
			合格辅导员		骨干辅导员		专家型辅导员	
			学校标准	本人计划	学校标准	本人计划	学校标准	本人计划
个人发展	30	每年参加培训（包括网络培训）学时数（学时/年）	≥8		≥12		20	20
	31	指导学生竞赛获奖次数（次/5年）	≥0		获三等奖≥1		获二等奖≥1或获三等奖	获二等奖1次
	32	获省级心理健康教育、资助工作、就业、共青团相关工作奖项情况（项/年）	≥0	0	≥1		≥2	
	33	参加省级思政类论文评选或典型案例个数（个/5年）	≥0		0		≥1	1
	34	主持或主要参与（排名前5）科研项目（省部级、市厅级、校级）（个/年）	校级≥1		校级结题≥1		市厅级结题≥1	1
	35	申请发明专利、实用新型专利、外观专利、软件著作情况（个/年）	≥2	2	≥3		≥4	
	36	个人创作和产出校级及以上优秀网络文化作品情况（项/年）	≥0		获三等奖≥2	2	获二等奖≥2或获三等奖	
	37	指导学生创作和产出优秀网络文化作品情况（项/年）	≥0		获三等奖≥2	2	获二等奖≥2或获三等奖	
	38	获取职业技能资格证书（份/5年）	1	1	2		2	
	39	学工部组织的各种会议、沙龙等活动出席情况（次/年）	≥3		≥5		≥8	8
	40	参加辅导员工作室活动并承担相应的工作情况（次/年）	≥1		≥2		≥3	3
	41	参加辅导员沙龙并作汇报情况（次/年）	≥1		≥2		≥3	3
二级学院工作	42	完成二级学院分派的学生党建团建、学籍管理、档案管理、资助育人、易班建设、心理健康教育、宿舍管理、劳动教育、招生就业、学生奖惩、学生诊改、学生军训、学生组织指导等任务情况						

维度	序号	观测点	各层级辅导员发展标准					
			合格辅导员		骨干辅导员		专家型辅导员	
			学校标准	本人计划	学校标准	本人计划	学校标准	本人计划
二级学院工作	43	课程授课（课时/年）	≥30	30	≥40		≥50	
	44	在线课程录制（课时/年）	≥10	10	≥20		≥30	
	45	其他工作						

【优秀案例三】

辅导员职业生涯规划报告
生物与食品工程学院　杨老师

一、基本信息

人物：杨老师

所在高校及院系：吉林工程技术师范学院生物与食品工程学院

二、职业背景与现状

1. 教育背景

最高学历：吉林大学软件工程领域工程专业硕士

专业方向：计算机科学教育、软件工程领域

工作经历：自1999年7月毕业留校以来，主要从事研究教育教学管理、计算机科学教育、传媒教育、大学生思想政治教育等方面的工作。曾先后在学校7个不同部门岗位工作过，在继续教育学院工作6年，历任教务处教学研究科科长、传媒与数理学院副院长、教师教育发展中心副主任、教育技术与网络中心副主任、外语学院党总支副书记等职务，2022年3月调入生物与食品工程学院任党总支副书记。

辅导员工作主要内容简述：协助总支书记抓好党建工作的同时，全面开展学生工作，带好辅导员队伍和学生干部队伍，抓好学生日常管理。坚定理想信念，做到"辅"之以情，"导"之以行，"员"之以梦，为青年大学生扣好人生的第一粒扣子。实现"为党育人，为国育才"的工作目标。

在辅导员岗位上取得的主要成绩和荣誉：

主要成绩：

（1）学校大学生思想政治教育"一院一品牌"：探索师生协同学习模式下的学风建设新途径，2020年9月—2023年9月，结项。

（2）学校"三全育人"综合改革建设品牌"'以赛练技，以奖促学'细化管理育人为本体系建设的探索与实践研究"，2021年10月—2022年1月，结项。

（3）吉林工程技术师范学院辅导员"一人一特色"活动品牌："三全育人"视角下高校开展学风建设工作的载体研究，2023年4月—2023年11月，结项。

（4）学校2023年基层党建创新品牌：抓好党建带团建，以团建促发展——探索特色"三联促三学"学风建设服务体系，2023年4月—2023年12月，结项。

（5）吉林工程技术师范学院辅导员"一班一亮点"品牌立项：师生协同下班级内合作与竞争，2023年11月—2024年11月。

获得荣誉：

（1）2021年4月26日第十一届校园心理情景剧大赛"优秀指导教师"。

（2）2021年7月19日，2020级新生军事训练"优秀带训辅导员"。

（3）2023年5月26日，第十三届校园心理情景剧大赛"优秀指导教师"。

（4）2022年10月，获学校第三十六期学生军训"先进营"荣誉称号。

（5）2023年9月，获学校第三十七期学生军训"先进营"荣誉称号。

（6）2022年9月1日，2022年获评学校"抗击新冠肺炎疫情突出贡献者"称号（院党字〔2022〕57号吉林工程技术师范学院关于表彰抗击新冠肺炎疫情突出贡献者和先进个人的决定）。

（7）2022年9月22日，获得"2022年度毕业生就业工作先进个人"荣誉称号（吉工师字〔2022〕128号关于表彰2022年度毕业生就业工作先进集体和个人的决定）。

（8）2022年12月30日，获得2022年度校级先进个人。

（9）2023年6月30日，获得学校"党务工作者"荣誉称号。

2. 当前职业困境与挑战

工作中遇到的主要问题：在抓学风建设过程中，目前不同年级专业的学生普遍存在的共性问题是对自己人生规划不明确，因此造成学习目的性不强，积极性不高，导致自律性不够，影响学习质量。

个人职业发展面临的瓶颈：自副高评完之后，工作变动比较频繁，从教学岗相继转到教辅岗、学生管理岗，但个人还一直走专业技术岗，随着年龄的增长，目前工作性质对个人成长影响比较大。

三、自我评估与定位

1. 个人优势

专业能力方面的优势：本人计算机科学教育专业毕业，多年从事教育教学工作，有多年的教学管理经验，办公软件使用熟练。

人际交往与沟通能力方面的优势：善于与人沟通交流。

组织协调与领导能力方面的优势：有较强的组织协调能力，具有一定的领导能力。

2. 待提升能力

需要进一步学习的专业知识和技能：需要进一步学习生物与食品相关的专业知识，以便更好地指导学生参加各类比赛，提升自己在学生面前的威信力。

需要加强的个人素质和能力：随着年龄的增长，需要加强身体素质，提升劳动能力。

3. 职业兴趣与价值观

对辅导员工作的热爱程度：非常热爱辅导员工作，感觉与学生相处，自己也变年轻许多。

个人职业价值观与追求：热爱党的教育事业，甘于奉献自己的青春热血，坚持立德树人，为党育人，为国育才，为社会主义培养合格的建设者和可靠的接班人。

四、职业目标与发展愿景

1. 短期目标（1—2年）

明确短期内想要达到的职业成就：做好学生日常安全教育管理，所带年级的全部学员顺利毕业。

计划采取的行动步骤等：抓好辅导员队伍和学生干部队伍，做好学生传帮带，树立优良学风。

2. 中期目标（3—5年）

在专业领域内期望达到的水平：期望目标是达到教授水平。

计划参与的品牌或研究等：争取省级立项1项，发表核心期刊1—2篇。

3. 长期目标（5年以上）

对未来职业发展的长远规划：争取上到更高的台阶发展。

期望在教育行业或社会上的影响力等：积极参与，提升社会知名度。

五、环境与资源分析

1. 外部环境

积极关注目前教育行业的发展趋势，了解辅导员职业的政策支持与社会需求，更好更快地让自己得到成长。

2. 内部资源

在现有的工作岗位基础上，积极组建团队，搭建平台。

3. 潜在风险与应对策略

希望辅导员工作能得到家长的认可，更好地处理家校合作，共同培养学生，让家长更多地支持学校的教育工作，为社会培养未来的接班人。

六、行动计划与实施方案

1. 专业技能提升计划

参加相关培训与学习课程：如期参加学校组织的各级各类培训。

参与学术研究与实践品牌等：按学校要求完成相关的目标任务。

2．人际网络拓展计划

与同行建立联系与交流：积极拓展与同行的联系，加强沟通交流，积极参与行业会议与研讨会等。

3．领导力与团队协作培养计划

参与团队管理与领导工作，加强团队协作与沟通能力。

4．实施时间表与里程碑

规划具体的时间节点：每天做好本职工作。

设定可量化的里程碑目标：认真完成辅导员"十个一"工作，让学生健康快乐地在校学习生活，顺利完成学业，将来找到理想的工作。

七、总结与反思

按照辅导员九项工作任务，认真地执行和完成，明确对自身的目标要求。按岗位职责，严要求，高标准，持之以恒，见实效，与学生共同成长，为学生树立良好的榜样，真正成为学生的良师益友。

2024年个人发展计划如表5-5所示。

表5-5　生物与食品工程学院辅导员杨老师2024年个人发展计划

学院名称：生物与食品工程学院　　　　　　　　　　　　　　　　　　辅导员：杨老师

维度	序号	观测点	各层级辅导员发展标准					
			合格辅导员		骨干辅导员		专家型辅导员	
			学校标准	本人计划	学校标准	本人计划	学校标准	本人计划
学习能力"五个一"	1	每年阅读报纸/文章篇数（篇/年）（18个教学周×2个学期×5天）	≥180		≥200	210	≥240	
	2	每年阅读期刊杂志本数（本/年）（18个教学周×2个学期）	≥36		≥40	40	≥50	
	3	每年阅读书籍本数（本/年）	≥9（9个月）		≥10	10	≥15	
	4	每年撰写思想政治工作案例个数（个/年）	≥2（2个学期）	2	≥3		≥5	
	5	每年发表文章/著作篇数（篇、部/年）	论文≥1	1	论文≥2或参编教材、著作≥1		论文≥3或参编教材、著作≥2或出版教材、著作（独著或第一作者）≥1	

维度	序号	观测点	各层级辅导员发展标准					
			合格辅导员		骨干辅导员		专家型辅导员	
			学校标准	本人计划	学校标准	本人计划	学校标准	本人计划
工作方法"五个一"	6	每年进课堂听课次数（次/年）（18个教学周×2个学期）	≥36	36	≥50		≥60	
	7	每年进寝室走访次数（次/年）（18个教学周×2个学期）	≥36	40	≥50		≥60	
	8	每年进食堂与学生同进餐次数（次/年）（18个教学周×2个学期）	≥36	36	≥50		≥60	
	9	每年与专业教师沟通次数（次/年）（18个教学周×2个学期）	≥36	40	≥50		≥60	
	10	每年召开主题班会次数（次/年）	≥4（4个季度）		≥6	6	≥8	
价值引领	11	每年开展思想政治类主题活动次数（次/年）	≥4		≥6	6	≥8	
	12	每年与学生谈话平均次数（次/年）	≥2	2	≥3		≥4	
	13	每年指导学生学业生涯规划或就业指导次数（次/年）	≥2		≥3	3	≥4	
	14	毕业班学生毕业去向落实率（%）（非毕业班辅导员不作要求）	≥85		≥90		≥95	
	15	毕业班学生研究生录取率（%）（非毕业班辅导员不作要求）	≥5		≥10		≥15	
党团建设	16	每年开展或参加党支部会议、活动次数（次/年）	≥2		≥3		≥4	4
	17	每年开展或参加团支部会议、活动次数（次/年）	≥4		≥6	6	≥8	
班级管理	18	每年分管班级学生受处分人数（人次/年）	≤2		≤1		0	0
	19	每年开展心理健康教育活动次数（次/年）	≥4	4	≥6		≥8	

维度	序号	观测点	各层级辅导员发展标准					
			合格辅导员		骨干辅导员		专家型辅导员	
			学校标准	本人计划	学校标准	本人计划	学校标准	本人计划
班级管理	20	建立班级学生档案情况	有		有；齐全	√	有；齐全规范	
	21	建立心理危机学生心理档案情况（普查结果、约谈结果反馈及后续跟踪）	有		有；齐全	√	有；齐全规范	
	22	建立少数民族学生档案情况（无少数民族学生的辅导员不作要求）	有		有；齐全	√	有；齐全规范	
	23	建立家庭经济困难学生档案情况	有		有；齐全	√	有；齐全规范	
工作实绩	24	每年分管班级获评优良学风班次数（次/年）	≥1	1	≥3		≥5	
	25	每年组织学业困难学生帮扶计划和学业预警次数（次/年）	≥2	2	≥3		≥4	
	26	分管班级学生获评省级及以上个人荣誉/奖励人次（人次/5年）	≥1	1	≥3		≥5	
	27	分管班级获评校级及以上集体荣誉个数（个/5年）	校级≥1	1	校级≥3		校级≥4或区级≥1	
个人发展	28	每年参加校级辅导员素质能力大赛及获奖情况（项/年）	参加	1	获三等奖		获二等奖及以上	
	29	本人获得与学生工作相关的校级及以上各类荣誉情况（次/年）	≥0		≥1		≥2	2
	30	每年参加培训（包括网络培训）学时数（学时/年）	≥8		≥12		20	√
	31	指导学生竞赛获奖次数（次/5年）	≥0		获三等奖≥1		获二等奖≥1或获三等奖	
	32	获省级心理健康教育、资助工作、就业、共青团相关工作奖项情况（项/年）	≥0		≥1	1	≥2	

维度	序号	观测点	各层级辅导员发展标准					
			合格辅导员		骨干辅导员		专家型辅导员	
			学校标准	本人计划	学校标准	本人计划	学校标准	本人计划
个人发展	33	参加省级思政类论文评选或典型案例个数（个/5年）	≥0		0	√	≥1	
	34	主持或主要参与（排名前5）科研项目（省部级、市厅级、校级）（个/年）	校级≥1		校级结题≥1		市厅级结题≥1	2
	35	申请发明专利、实用新型专利、外观专利、软件著作情况（个/年）	≥2	2	≥3		≥4	
	36	个人创作和产出校级及以上优秀网络文化作品情况（项/年）	≥0	√	获三等奖≥2		获二等奖≥2或获三等奖	
	37	指导学生创作和产出优秀网络文化作品情况（项/年）	≥0		获三等奖≥2	2	获二等奖≥2或获三等奖	
	38	获取职业技能资格证书（份/5年）	1		2	2	2	
	39	学工部组织的各种会议、沙龙等活动出席情况（次/年）	≥3		≥5	6	≥8	
	40	参加辅导员工作室活动并承担相应的工作情况（次/年）	≥1		≥2	2	≥3	
	41	参加辅导员沙龙并作汇报情况（次/年）	≥1		≥2	2	≥3	
二级学院工作	42	完成二级学院分派的学生党建团建、学籍管理、档案管理、资助育人、易班建设、心理健康教育、宿舍管理、劳动教育、招生就业、学生奖惩、学生诊改、学生军训、学生组织指导等任务情况						以上任务几乎都有
	43	课程授课（课时/年）	≥30	36	≥40		≥50	
	44	在线课程录制（课时/年）	≥10	10	≥20		≥30	
	45	其他工作						

第六节
"一人一计划"品牌培育技术路线

"一人一计划"品牌培育旨在通过个性化的发展规则，提升辅导员的专业素养、工作效能及品牌影响力。

一、需求分析与目标设定

通过调查问卷、访谈等形式，了解辅导员的个人职业发展规划、专业特长、发展方向及实际工作中遇到的困难和挑战，结合学校发展需求与辅导员的个人特点，共同制订个性化的短期、中期、长期职业发展目标。

二、制订培育计划

采用专业测评工具对辅导员的专业知识、心理辅导能力、组织协调能力、创新思维等能力进行评估，根据评估结果，识别辅导员在能力结构上的优势与不足，为后续辅导员的培训和发展提供依据。

三、具体培育过程

根据辅导员个人能力的评估结果，设计个性化的辅导员培训课程，培训课程涵盖思想政治教育、党团和班级建设、学风建设、学生日常事务管理工作、心理健康教育与咨询工作、网络思想政治教育、就业指导与职业生涯规划、校园危机事件应对、理论与实践研究等辅导员工作九大职能的具体内容。为每位新入职的辅导员配备经验丰富的导师进行一对一指导，帮助其在实践中获得成长，鼓励辅导员积极参与学校重大事项、学习活动、社会实践等，通过实战提升自身能力。

四、总结成果阶段

定期组织辅导员沙龙，分享辅导员工作经验、成功案例，共同探讨在学生工作中遇到的棘手问题，增强辅导员的职业成就感。建立定期反馈机制，收集辅导员、学生等多方面的反馈意见，及时调整辅导员培训的计划和方向。将优秀辅导员的工作计划和案例整理成册，作为内部学习资料，同时积极向外界推广。对辅导员的发展情况进行持续跟踪，定期评估"一人一计划"的实施效果，鼓励辅导员在工作中勇于创新，探索新的工作方法和管理模式，不断提升工作效能和品牌影响力（图5-1）。

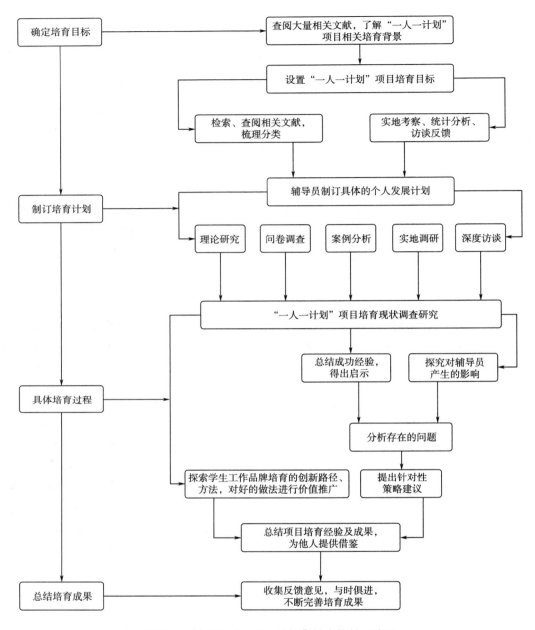

图5-1 辅导员"一人一计划"的实施效果流程

第七节
"一人一计划"品牌培育成果

"一人一计划"品牌实施过程中，辅导员制订参加培训班计划，如心理健康教育培训、职业规划指导培训、学生事务管理培训等，提高自身辅导理论知识和工作技能，多数辅导员取得了相应的资格证书或结业证书。学校通过"一人一计划"品牌给予辅导员培训专项经费，选派辅导员参加国家、省级专题培训，举办辅导员校内岗前培训和专题培训，形成具有吉林工程技术师范学院特色的辅导员培养培训体系。以辅导员年度人物评选和辅导员素质能力大赛为抓手，以赛促学、以赛促训，强化辅导员队伍理论水平和实操能力训练，辅导员能力大赛省里有突破，做到保三争二。实行"辅导员能力提升计划"，辅导员可定期参加业务培训和外出调研考察。

"一人一计划"品牌有助于加强辅导员对大学生思想政治教育理论的研究，帮助辅导员总结思想政治教育规律，用理论反哺实践。通过"一人一计划"，辅导员每年发表至少一篇思想政治教育论文，每学期至少撰写一个思想政治工作案例，每个月至少阅读一本书，每个星期至少阅读一本期刊杂志，每天至少阅读一份报纸或一篇文章，2024年预计出版辅导员工作相关著作6部，申报教育厅名师工作室品牌1—3项，申报教育部思想政治工作品牌1—2项，立项校级思想政治课题20项，教研课题11项，省级及以上教科研品牌5—10项。深化辅导员微课网络思想政治品牌，加强对外宣传影响，在《中国教育报》发表理论文章1篇，《高校辅导员》期刊发表理论文章1篇，学习强国发表我校学生管理报道2篇，申报教育部思想政治精品品牌1项。

第六章
辅导员学生工作"四个一"品牌培育启示

第一节
辅导员要有认真负责的工作态势

　　在培育"一院一品牌""一人一特色""一班一亮点""一人一计划"这四个辅导员学生工作品牌的过程中，总结了部分辅导员的成功经验，探索了在品牌培育中的创新路径，给予了其他辅导员诸多启示。其中，要有认真负责的辅导员工作态势是指，辅导员要具有高度的责任心和敬业精神，在日常工作中做到细致入微，如参与"一院一品牌"建设，助力学院打造特色品牌，需要辅导员了解所在学院的基本情况，了解学院学生的整体状况，本学院的哪些优势有利于建立品牌化的长效机制，本学院的学生更适合朝哪个方向发展等，都需要辅导员认真做好前期调研。"一人一特色"品牌要求辅导员具有带领学生组织特色活动的能力，了解自己的特长，做到依托学院的"一院一品牌"，耐心找到适合自己并能够促进学生发展的特色品牌。"一班一亮点"要求辅导员了解所带班级的具体情况，在所带班级中找到该班级的专业特点、学生特点等，在该班级内开展量身定制的活动，突出该班级的专业特色及活动特色。"一人一计划"要求辅导员设立适合自己发展的规划目标，先达成小目标，逐步向最终目标靠近，这些过程都需要辅导员全心全意地投入学生工作中，时时刻刻关注学生的成长发展，致力于为学生提供卓越的服务，而具有认真负责的态度是达成目标的前提条件。

　　大学是大学生"拔节孕穗"的时期，需要辅导员耐心引导、精心栽培，辅导员也是大学生日常接触最多的老师，辅导员的行为规范成为学生的参考标准，在每一次与学生相处的过程中都在为学生树立典范，其言行举止、处事原则、工作态度等都对学生产生着潜移默化的影响，辅导员具有高尚的道德修养和人格魅力会影响学生一生的发展。辅导员要具备高尚的道德品质、坚定的政治信念、积极的改进意识、严苛的自我要求、高度的责任意识、认真负责的工作态度、热情的工作情感，号召学生，不断传递正能量。

辅导员要增强与学生的互动频率，注重师生间的沟通质量与效果，增强工作的透明度，让学生理解辅导员工作背后的责任与辛苦，树立在学生心目中的良好形象，减少学生的抵触情绪，在日常与学生沟通交流中注意亲和力、感染力、针对性、实效性，通过认真负责的辅导员工作态势引导学生自我教育、自我管理、自我服务，同时加深学生对辅导员工作的理解与认同。

第二节
辅导员要有严谨治学的思维程式

学生工作"四个一"品牌的培育离不开辅导员严谨治学的思维程式，辅导员要善于运用马克思主义的根本立场、思维方式、观点方法去解决现实学生工作中遇到的问题，在开展学生工作品牌"四个一"品牌活动的过程中，避免对学生进行强制性、教育性说教，要转变传统的教育思维方式，运用哲学知识揭示社会发展的一般规律，将管理与教育相结合，将德育的深度、教育的温度、育人的高度有机融合，增强事务管理工作的内在吸引力，将日常思想政治教育体现在日常点滴中，让学生体验到思想政治教育无处不在，潜移默化地融入生活，做好学校文化的宣传员、学生职业生涯规划的指导员、服务学生生活的联络员、学生工作的研究员。

开展"四个一"品牌的培育需要辅导员具有创新思维，优化思维结构。当前，由于辅导员队伍建设总体还待加强，很多辅导员属于新手刚刚入行，在繁忙的事务性工作中消耗了大量的精力，所以在总结了一些工作经验后倍加珍惜，容易陷入经验主义泥潭，我校的辅导员工作还一定程度上停留在工作经验的基础上，没有形成系统成熟的思维体系，使部分辅导员思维固化。辅导员学生工作"四个一"品牌的开展，一定程度上打开了辅导员的思维，在打造创新品牌的过程中锻炼了自己的思维能力。

第三节
辅导员要有探索求真的科研意识

辅导员学生工作需要科学的理论来指导，"四个一"品牌的培育要求辅导员具有探索求真的科研意识，将辅导员经验思维提升至理论思维，从日常性事务工作提升至特定职业工作，使辅导员走向专业化、专家化，克服烦琐工作中产生的职业倦怠感。辅导员学生工作"四个一"品牌的打造过程可以帮助辅导员将现实工作中遇到的实际问题进行理论提升，将经验转化为科学，将汗水转化为成果，运用成果继续指导实践。辅导员在其中不断增强科研意识，逐步向专家化发展，成就学生的同时也武装了自己，加快了学校辅导员队伍专业化发展的进程。

辅导员在掌握了相关理论知识后，应通过实操训练的方式将理论成果运用到学生教学管理实践中，通过课题立项、论文写作训练自己思考问题的能力，将在工作中遇到的实际案例品牌化、问题化、逻辑化、概念化、具体化。运用探索求真的辅导员科研意识总结问题及现象的内在规律，增强辅导员学生工作的逻辑性。最后要将辅导员学生工作"四个一"品牌培育成果进行固化，用思维严谨的学术论文、专著、研究报告、工作实效等展示辅导员的科研水平，激发辅导员科研潜力，培养辅导员的科研思维。

第四节
辅导员要有深厚扎实的理论功底

辅导员工作范围跨度较广，既要做学生日常事务的管理者，又要做心理健康教育者、职业生涯规划者、党团领导建设者、思想政治教育者、道德品质引导者、安全稳定维护者、学生资助服务者、应急事件处理者。扮演的每一个不同角色都需要辅导员具有深厚扎实的理论功底，塑造辅导员职业化、专业化的良好形象。思想政治教育是辅导员学生工作的最直接理论来源，但在实际工作中辅导员理论知识并不局限于思想政治教育，加强辅导员队伍专业化建设同样需要深厚的理论素养，准确把握工作中的重点，对工作中遇到的难题和现象进行理论阐释，总结和把握其中的内在规律和联系，用深厚的理论功底指导实践，使学生工作理论化、科学化。

培养专家型辅导员是辅导员队伍建设的终极目标，具有深厚扎实的理论功底可以为培养专家型辅导员提供基本的理论基础，开展学生工作"四个一"品牌活动可以促进辅导员队伍的整体发展，普遍提高辅导员的理论功底，提高辅导员的理论敏锐性。品牌活动在开展之前，需要理论的指导才能使品牌活动得以成功开展，辅导员须具备深厚宽广的知识，掌握思想政治教育理论、方法、知识、技能、应用，以及与大学生思想政治教育工作实务相关的系列知识，融会贯通、综合运用。辅导员具有深厚扎实的理论功底，可以帮助辅导员获取人生智慧、提高学识修养，用理论的高度超越工作的难度和跨度，有利于辅导员轻松应对在工作中遇到的难题，同样有利于提高辅导员在学生心目中的地位，增强威信力、影响力和人格魅力。